"十三五"高等职业教育计算机类专业规划教材

网页设计与制作

李俊州　曾　凤　主　编

夏朋举　副主编

中国铁道出版社有限公司

CHINA RAILWAY PUBLISHING HOUSE CO., LTD.

内 容 简 介

本书主要介绍了使用 Dreamweaver、Flash、Photoshop 进行网页设计的流程、方法和技巧，共 13 章，主要内容包括网页入门知识、Dreamweaver CS6 快速入门、创建网页中的常见元素、创建网页链接与 Div 对象、运用表格与表单进行布局、运用 CSS 样式制作网页特效、运用 CSS 对网页进行布局、运用行为功能制作网页特效、绘制与编辑 Flash 图形、制作 Flash 动画与特效、编辑网页图像与文本、修饰与调整网页图像、网页设计综合案例。第 2～12 章每章都设计有综合案例，可帮助读者掌握相关理论知识和绘图方法。

本书适合作为高等职业院校网页设计、环境艺术设计、动画设计、平面设计等专业的教学用书，也可作为网页设计爱好者的参考用书。

图书在版编目（CIP）数据

网页设计与制作 / 李俊州，曾凤主编. —北京：
中国铁道出版社，2016.10（2021.7重印）
"十三五"高等职业教育计算机类专业规划教材
ISBN 978-7-113-21929-1

Ⅰ. ①网… Ⅱ. ①李… ②曾… Ⅲ. ①网页制作
工具-高等职业教育-教材 Ⅳ. ①TP393.092

中国版本图书馆CIP数据核字（2016）第238935号

书　　名：网页设计与制作
作　　者：李俊州　曾　凤

策　　划：杜　茜　　　　　　　　　　　编辑部电话：（010）63549508
责任编辑：何红艳　冯彩茹
封面设计：刘　颖
封面制作：白　雪
责任校对：王　杰
责任印制：樊启鹏

出版发行：中国铁道出版社有限公司（100054，北京市西城区右安门西街 8 号）
网　　址：http://www.tdpress.com/51eds/
印　　刷：北京铭成印刷有限公司
版　　次：2016 年 10 月第 1 版　2021 年 7 月第 2 次印刷
开　　本：787 mm×1 092 mm　1/16　印张：15.75　字数：378 千
印　　数：2 001～32 00 册
书　　号：ISBN 978-7-113-21929-1
定　　价：58.00 元（附赠光盘）

本书是一本由浅入深的网站建设与网页设计类案例教程，详细介绍了较流行的网页设计工具组合——Dreamweaver CS6、Flash CS6 和 Photoshop CS6 的使用方法、操作技巧和实战案例，涵盖了网页设计与制作过程中的常用技术和操作步骤。本书编者都具有多年网站设计与教学经验，在写作过程中，对所有的实例都亲自实践与测试，力求使每个实例都真实而完整地呈现在读者面前。

学习并掌握网页设计技术可大幅度提高设计工作效率。随着科学技术的进步，Dreamweaver、Flash 和 Photoshop 不断完善，但考虑到有些企业和学校软件尚未更新，为兼顾先进性和实用性，本书的三款软件版本均以 CS6 为主进行介绍，使读者探索 Dreamweaver、Flash 和 Photoshop 前进的轨迹，不断完成知识更新、能力更新。

本书将课程内容分为 Dreamweaver 网页设计、Flash 动画设计和 Photoshop 网页图像设计 3 个阶段。本书内容包括网页入门知识、Dreamweaver CS6 快速入门、创建网页中的常见元素、创建网页链接与 Div 对象、运用表格与表单进行布局、运用 CSS 样式制作网页特效、运用 CSS 对网页进行布局、运用行为功能制作网页特效、绘制与编辑 Flash 图形、制作 Flash 动画与特效、编辑网页图像与文本、修饰与调整网页图像、网页设计综合案例等 13 个项目。本书配套光盘中提供了素材、效果、视频、课件和习题答案等。本书从网页设计的岗位需求出发，根据实际网页的设计思路精心设计各个综合案例，将岗位能力所需的相关知识和技能整合起来，形成若干个相互独立又有内在联系的主题案例。从简单网页布局开始，逐步增加知识与技能的难度。各案例间形成梯度，相同难度的案例又有多个实训案例可供学生自主选择练习。学生围绕案例任务，通过教师传授知识和示范操作，完成对相关理论知识的学习并实现实践操作技能的提高，从而达到高级网页设计师的岗位能力要求。在学习形式上，学生边动手、边思考、边学习，通过各种手段提高学生的学习兴趣和积极性，增强学生主动探究问题和练习实践的信心，从而提高学生的专业综合素质和能力。

本书由开封大学李俊州、广东科贸职业学院曾凤任主编，由许昌职业技术学院夏朋举任副主编。参加本书编写的人员还有：刘胜璋、刘向东、刘松昇、刘伟、卢博、周旭阳、袁淑敏、谭中阳、杨端阳、李四华、王力建、柏承能、刘桂花、柏松、谭贤、谭俊杰、徐茜、刘嫔、苏高、柏慧等。

由于时间仓促，加之编者水平有限，书中难免存在疏漏和不足之处，恳请读者提出宝贵的意见和建议。

编　者

2016 年 8 月

CONTENTS 目 录

第1章 网页入门知识..........................1

1.1 网页基本概念..........................2
  1.1.1 网站的概念..........................2
  1.1.2 网页的概念..........................2
  1.1.3 HTML 的组成及语法..........4
  1.1.4 网页设计的基本原则..........6
1.2 网页组成元素..........................8
  1.2.1 网页文本..........................8
  1.2.2 网页图片..........................9
  1.2.3 网页动画..........................9
  1.2.4 网页表格..........................10
  1.2.5 网页超链接..........................11
  1.2.6 网页表单..........................11
1.3 网页制作软件..........................11
  1.3.1 Dreamweaver 网页制作
      核心功能..........................11
  1.3.2 Flash 网页制作核心功能..........12
  1.3.3 Photoshop 网页制作核心
      功能..........................13
1.4 网页制作流程..........................13
  1.4.1 定位网站主题..........................14
  1.4.2 构建网站框架..........................14
  1.4.3 设计网站形象..........................14
  1.4.4 制作网站页面..........................14
  1.4.5 发布与宣传网站..........................15
  1.4.6 更新与维护网站内容..........15
小结..........................15
习题测试..........................16

第2章 Dreamweaver CS6 快速入门....17

2.1 启动与退出 Dreamweaver CS6..18
  2.1.1 启动 Dreamweaver CS6..18

2.1.2 退出 Dreamweaver CS6.....19
2.2 Dreamweaver CS6 界面..........20
  2.2.1 菜单栏..........................20
  2.2.2 "属性"面板..........................21
  2.2.3 "文档"工具栏..........................22
  2.2.4 "插入"面板..........................23
  2.2.5 浮动面板..........................24
2.3 网页文档的基本操作..........24
  2.3.1 创建网页文档..........................25
  2.3.2 保存网页文档..........................26
  2.3.3 打开网页文档..........................26
  2.3.4 关闭网页文档..........................27
2.4 设置网页的页面属性..........28
  2.4.1 设置网页背景的颜色..........28
  2.4.2 设置网页的背景图像..........29
  2.4.3 设置网页的页面链接..........30
2.5 创建网页站点的方法..........31
  2.5.1 创建新站点..........................31
  2.5.2 管理本地站点..........................32
  2.5.3 管理站点资源..........................33
2.6 综合案例——制作房产网页...33
  2.6.1 在网页中设置跟踪图像.....33
  2.6.2 在网页中设置标题属性.....34
  2.6.3 设置网页背景颜色效果.....35
小结..........................36
习题测试..........................36

第3章 创建网页中的常见元素........37

3.1 插入图像与媒体文件..........38
  3.1.1 插入 GIF 格式图像..........38
  3.1.2 插入 JPEG 格式图像..........39
  3.1.3 插入 PNG 格式图像..........40

3.1.4　插入 FLV 视频文件 42

3.1.5　插入 SWF 视频文件 43

3.1.6　插入鼠标经过图像 44

3.2　插入水平线与特殊字符 **45**

3.2.1　插入水平线 45

3.2.2　插入日期 46

3.2.3　插入特殊字符 48

3.3　添加与设置文本对象 **48**

3.3.1　在网页中添加文本 49

3.3.2　设置文本字体类型 50

3.3.3　设置文本字体大小 52

3.3.4　设置文本颜色属性 52

3.4　综合案例——制作旅游网页 **53**

3.4.1　制作文本项目符号 53

3.4.2　制作网页图片展示 54

3.4.3　制作网页水平线效果 55

小结 **56**

习题测试 **56**

第4章　创建网页链接与 Div 对象 ...57

4.1　创建常用网页链接文件 **58**

4.1.1　链接的含义 58

4.1.2　创建 E-mail 链接 59

4.1.3　创建图像热点链接 60

4.1.4　创建下载文件链接 62

4.1.5　创建锚点链接 63

4.1.6　创建脚本链接 65

4.1.7　创建空链接 66

4.2　创建与编辑 Div 对象 **66**

4.2.1　Div 的含义 66

4.2.2　创建 Div 标签 67

4.2.3　创建 AP Div 标签 68

4.2.4　互换 AP Div 与表格 69

4.3　综合案例——制作游戏网页 **71**

4.3.1　制作网页文本链接 71

4.3.2　制作游戏图像热点 72

4.3.3　下载游戏软件客户端 73

小结 **74**

习题测试 **74**

第5章　运用表格与表单进行布局 ...75

5.1　创建与选取表格 **76**

5.1.1　创建表格 76

5.1.2　选取表格 77

5.1.3　选取行或列 78

5.1.4　选取单元格 79

5.2　调整与编辑表格对象 **80**

5.2.1　调整表格高度和宽度 80

5.2.2　添加或删除行或列 81

5.2.3　单元格的拆分与合并 81

5.2.4　单元格的剪切、复制和

粘贴 82

5.3　创建网页中的常用表单 **84**

5.3.1　创建表单对象 84

5.3.2　创建文本与密码对象 85

5.3.3　创建按钮对象 86

5.3.4　创建图像按钮对象 86

5.3.5　创建列表 / 菜单对象 87

5.3.6　创建单选按钮对象 88

5.3.7　创建复选框对象 88

5.4　综合案例——制作密码网页 **88**

5.4.1　在网页中创建表格 89

5.4.2　制作网页密码图像 89

5.4.3　创建图像按钮表单 90

小结 **91**

习题测试 **92**

第6章　运用CSS样式制作网页特效 ...93

6.1　CSS 概述 **94**

6.1.1　CSS 的概念 94

6.1.2　CSS 的编写 95

6.1.3　创建 CSS 样式表 96

6.2　管理 CSS 样式表 **97**

6.2.1　管理外联样式表 97

6.2.2　管理内嵌样式表 99

6.3　设置 CSS 属性参数 **99**

6.3.1　设置网页字体类型 100
6.3.2　设置网页颜色属性 101
6.3.3　设置网页背景属性 103
6.3.4　设置网页对齐属性 104
6.3.5　设置网页方框属性 105
6.3.6　设置网页边框属性 105
6.3.7　设置网页列表属性 106
6.3.8　设置网页定位属性 106
6.3.9　设置网页扩展属性 107
6.4　综合案例——制作美食网页 ... 108
6.4.1　制作网页标题效果 108
6.4.2　制作网页正文样式 109
6.4.3　制作文本对齐方式 110
小结 111
习题测试 111

第7章　运用CSS对网页进行布局 ... 113
7.1　了解CSS与Div的基本概念 ... 114
7.1.1　Web标准的概念 114
7.1.2　Div的基本功能 115
7.1.3　Div与Span的区别 115
7.1.4　Class和ID的区别 115
7.1.5　CSS+Div的布局优势 116
7.2　布局与定位CSS页面 117
7.2.1　用Div将页面分块 117
7.2.2　用CSS堆给元素位置
　　　　定位 117
7.2.3　用CSS定位各块的位置 ... 118
7.3　CSS常见布局类型 118
7.3.1　设置单行单列固定宽度 ... 119
7.3.2　设置两列右列宽度
　　　　自适应 120
7.3.3　设置一列宽度自适应 ... 121
7.3.4　设置一列固定宽度居中 ... 122
7.3.5　设置二列固定宽度 123
7.3.6　设置二列宽度自适应 124
7.3.7　设置二列固定宽度居中
　　　　布局 125

7.3.8　设置三列浮动中间列宽度
　　　　自适应 126
7.4　综合案例——制作购物网页 ... 127
7.4.1　在网页中居中布局内容 ... 127
7.4.2　在Div布局中新增图像 ... 128
7.4.3　在网页中制作空白边效果 ... 129
小结 130
习题测试 130

第8章　运用行为功能制作网页
　　　　特效 131
8.1　"行为"与"事件"概述 132
8.1.1　"行为"面板 132
8.1.2　"事件"菜单 133
8.1.3　熟悉不同的动作类型 ... 134
8.1.4　在网页文档中添加行为 ... 134
8.2　运用行为制作网页特效 136
8.2.1　设置检查表单行为 136
8.2.2　设置打开浏览器窗口
　　　　行为 138
8.2.3　设置转到URL网页行为 ... 139
8.2.4　设置检查插件行为 140
8.3　运用行为制作文本特效 141
8.3.1　设置状态栏文本行为 ... 141
8.3.2　设置容器中的文本行为 ... 142
8.3.3　设置框架文本行为 142
8.3.4　设置文本域文字行为 ... 143
8.4　综合案例——制作健康网页 ... 144
8.4.1　制作网页状态栏消息 ... 144
8.4.2　交换网页图像的画面 ... 145
8.4.3　制作网页内容链接效果 ... 147
小结 148
习题测试 148

第9章　绘制与编辑Flash图形 149
9.1　了解Flash CS6的工作界面 ... 150
9.1.1　菜单栏 150
9.1.2　工具箱 151

9.1.3 时间轴面板 151

9.1.4 舞台 152

9.1.5 面板组 152

9.1.6 "属性"面板 153

9.2 创建网页文本对象 153

9.2.1 创建静态文本 153

9.2.2 创建动态文本 154

9.2.3 创建输入文本 155

9.3 绘制网页动画图形 157

9.3.1 应用线条工具绘图 157

9.3.2 应用椭圆工具绘图 157

9.3.3 应用矩形工具绘图 158

9.4 编辑网页动画图形 159

9.4.1 选择网页图形对象 159

9.4.2 运用套索选择图像 159

9.4.3 移动网页图形对象 160

9.4.4 缩放网页图形对象 160

9.5 综合案例——制作珠宝网页 161

9.5.1 创建网页广告文本 161

9.5.2 移动广告文本位置 162

9.5.3 制作文本五彩特效 162

小结 163

习题测试 164

第 10 章 制作 Flash 动画与特效 165

10.1 创建网页元件对象 166

10.1.1 元件类型 166

10.1.2 创建图形元件 167

10.1.3 创建按钮元件 167

10.1.4 转换图形为影片剪辑
元件 170

10.1.5 在不同的模式下编辑
元件 170

10.1.6 复制与删除元件 171

10.2 在网页动画中应用实例 172

10.2.1 创建实例 172

10.2.2 改变实例类型 172

10.2.3 分离实例 173

10.2.4 查看实例信息 174

10.2.5 修改实例颜色和透明度 ... 174

10.3 制作网页动画特效 175

10.3.1 制作逐帧动画 175

10.3.2 导入逐帧动画 178

10.3.3 制作遮罩层动画 178

10.3.4 制作形状渐变动画 179

10.3.5 制作动作渐变动画 180

10.4 综合案例——制作卡漫动画 ... 181

10.4.1 制作动画关键帧 181

10.4.2 制作传统补间动画 182

10.4.3 制作风车顺时针旋转 182

小结 183

习题测试 184

第 11 章 编辑网页图像与文本 185

11.1 了解 Photoshop 的工作界面 186

11.1.1 菜单栏 186

11.1.2 状态栏 186

11.1.3 工具箱 187

11.1.4 工具属性栏 187

11.1.5 图像编辑窗口 187

11.1.6 浮动面板 188

11.2 处理网页图像颜色 188

11.2.1 设置前景色和背景色 188

11.2.2 使用菜单命令填充颜色 ... 188

11.2.3 使用油漆桶工具设置
颜色 189

11.2.4 使用渐变工具设置颜色 ... 190

11.3 编辑网页图像选区 190

11.3.1 创建不规则选区 191

11.3.2 创建几何选区 192

11.3.3 羽化网页中的选区 192

11.3.4 变换网页中的选区 193

11.3.5 描边网页中的选区 193

11.4 创建网页图像文本 194

11.4.1 文字工具组 195

11.4.2 创建横排文字 195

11.4.3　创建直排文字 196

11.4.4　设置文本格式 197

11.4.5　设置变形文字 197

11.5　综合案例——制作置业广告...199

11.5.1　制作置业图像广告 199

11.5.2　制作置业文字广告 200

11.5.3　制作图像描边特效 201

小结 202

习题测试 202

第12章　修饰与调整网页图像 203

12.1　网页图像修饰工具 204

12.1.1　修饰类工具 204

12.1.2　擦除类工具 204

12.1.3　图章类工具 205

12.1.4　修复类工具 206

12.1.5　调色类工具 207

12.2　网页图像的颜色 208

12.2.1　查看网页图像的颜色 ... 208

12.2.2　调整网页图像的色彩 ... 208

12.2.3　调整网页图像的色调 ... 209

12.3　编辑与管理切片图像 210

12.3.1　切片对象的种类 210

12.3.2　创建切片 211

12.3.3　创建自动切片 212

12.3.4　选择、移动与调整切片 ... 212

12.3.5　转换与锁定切片 213

12.3.6　组合与删除切片 214

12.3.7　设置切片选项 216

12.4　优化网页图像......................217

12.4.1　优化 GIF 格式图像 217

12.4.2　优化 JPEG 格式 218

12.5　综合案例——制作手表广告 ...219

12.5.1　处理广告图像污点 219

12.5.2　调整广告图像色调 220

12.5.3　创建广告图像切片 221

小结 222

习题测试 222

第13章　网页设计综合案例............223

13.1　设计规划网站......................224

13.1.1　确定网站主题 224

13.1.2　设计网站版式 224

13.2　设计网站图像......................225

13.2.1　网站 Logo 的设计 225

13.2.2　网站导航条的设计 226

13.3　设计网站动画......................229

13.3.1　网页文字动画的制作 229

13.3.2　图像切换动画的制作 231

13.4　制作与布局网页 234

13.4.1　页眉和导航区的制作 235

13.4.2　内容与版权区的制作 236

13.4.3　子页和超链接的制作 238

13.5　网站的测试 240

13.5.1　网站的兼容性测试 240

13.5.2　网站的链接性测试 241

小结 242

习题测试 242

第1章

网页入门知识

本章引言

要了解网页制作的核心内容，必须先了解网页的相关基础知识，如什么是网站，什么是网页，网页由哪些元素组成，使用什么软件可以进行网站的制作，实际制作时该采用哪些流程来完成以及如何才能学好网页制作技术等。这些也是每位初学者必学的内容，可以帮助读者快速进入学习的佳境。

本章主要内容

- 1.1 网站基本概念
- 1.2 网页组成元素
- 1.3 网页制作软件
- 1.4 网页制作流程

1.1   网页基本概念

　　网页是在浏览因特网时看到的一个个画面，网站则是一组相关网页的合集。一个小型网站可能只包含几个网页，而一个大型网站可能包含成千上万个网页。此外，打开某个网站时显示的第一个网页称为该网站的主页。要想制作出精美的网页，不仅要熟练使用网页设计软件，还要掌握与网页相关的一些基本概念和知识。

1.1.1   网站的概念

　　网站主要由域名（即网站地址）和网站空间两部分构成，通常包括主页和其他超链接文件，如图1-1所示。

图1-1   360网站主页

　　网站是根据一定的制作要求，使用HTML等网页代码编写工具进行制作的，用来展示特定的内容。一般来说，网站也可称为一种通信工具，用户可以使用网站宣传相关信息、发布相关新闻，或者通过网站提供相关的服务。人们还可以通过网页浏览器访问网站，获取需要的信息或者享受网络服务。

1.1.2   网页的概念

　　网页格式一般为HTML文件格式，文件的扩展名很多，如.html、.htm、.asp、.aspx、.php以及.jsp等，网页是网站中的一个页面，通常包括各种各样的文本、图像和超链接。网页要使用特定的网页浏览器进行阅读。图1-2所示为网页页面。

　　网页是一个文件，可以存放在任何一台连接到互联网的计算机中。网页一般由网址（URL）来识别与存取，当用户在浏览器中输

图1-2   网页页面

入网址后，经过一段复杂而又快速的程序，网页文件会被传送到用户的计算机，然后通过浏览器解释网页的内容，再展示到用户的眼前。

网页设计师在进行网页设计时，还需要了解一些专业的名词，如域名、URL、站点、导航条、表单、超链接以及发布等。按网页的表现形式，可分为静态网页和动态网页。

1. 静态网页

在网站页面的制作中，静态网页都是使用纯粹的HTML格式制作出来的，不含任何互动元素，在早期的网站页面中，大部分设计师制作的都是静态网页。

与动态网页相比较，静态网页是指不含程序、没有后台数据库做支撑的网页页面，是不可以进行交互式操作的网页，设计师在后台设计时的样子就是静态网页展现出来的样子。静态网页更新起来比较麻烦，一般适用于更新较少的展示型网站，如图1-3所示。

图1-3　静态网页

> **说明**
>
> 静态网页的网址一般以htm结尾，以.htm、.html以及.shtml等为扩展名。在互联网中的静态网页中，也可以出现各种形式的动态画面，如Flash以及滚动字幕等，这些动态效果只是视觉上的，与动态网页是不同的概念，用户需要区别开来。

静态网页的主要特点简要归纳如下：

（1）静态网页的每个网页都有一个固定的URL，且网页URL以.htm、.html和.shtml等为扩展名。

（2）网页内容一经发布到网站服务器上，无论是否有用户访问，每个静态网页的内容都是保存在网站服务器上的。也就是说，静态网页是实实在在保存在服务器上的文件，每个网页都是一个独立的文件。

（3）静态网页的内容相对稳定，因此容易被搜索引擎检索。

（4）静态网页没有数据库的支持，在网站制作和维护方面工作量较大，因此当网站信息量很大时，完全依靠静态网页制作方式比较困难。

（5）静态网页的交互性较差，在功能方面有较大的限制。

2．动态网页

在网页制作中，动态网页 URL 以 .asp、.xasp、.php、.perl、.cgi 等为扩展名，这也是区别动态网页和静态网页的标志。

动态网页的具体内容有多种表现形式，它可以以纯文字内容展现出来，也可以包含多种 Flash 动画或视频特效。不管网页是否具有动态效果，只要是采用动态网站技术制作出来的网页都可以称为动态网页。动态网页与网页内容上的各种动画、滚动字幕等视觉上的动态效果没有直接关系。从用户浏览网站的角度来说，动态网页和静态网页都可以展示基本的网页内容和信息，只是从网站开发、管理以及维护的角度来看，两者有很大的差别。

例如，爱奇艺的网页就是一个典型的动态网页，每天都会进行大量的视频数据更新，如图 1-4 所示。

图1-4　爱奇艺的网页

动态网页的主要特点简要归纳如下：

（1）动态网页以数据库技术为基础，可大大降低网站维护的工作量。

（2）采用动态网页技术的网站可以实现更多的功能，如用户注册、用户登录、在线调查、用户管理以及订单管理等。

（3）动态网页实际上并不是独立存在于服务器上的网页文件，只有当用户请求时服务器才会返回一个完整的网页。

说明

制作一个网站，决定它为静态网页还是动态网页时，主要取决于网站的主要功能和网站需求以及网站内容的多少。如果用户需要制作的网站功能比较复杂，内容更新量很大，则采用动态网页技术会更加合适，反之一般采用静态网页的方式来实现。

1.1.3　HTML 的组成及语法

HTML（HyperText Markup Language）是用于描述网页文件的一种标记语言。HTML 是一种规范和标准，它通过标记符号来标记要显示的网页中的各个部分。

用户可以将网页理解为是一种文本文件，通过在文件中添加各类代码、标记符号，使浏览器按照网页代码的编写要求，正确地显示网站中的相关内容。

浏览器将按顺序读取、执行网页中的编码文件，然后根据这些编码文件显示网页中的内容，对于错误的代码文件，浏览器不会报告出来，只会在显示网页内容时体现出来，编制者只能通过网页显示的效果来分析代码编写的错误部分。

1. HTML 的组成

网页的存储格式均为 HTML 文件，一个网页对应一个 HTML 文件，常以 .htm 或 .html 为扩展名，只要能够生成 .TXT 源文件的文本都可以用来编辑 HTML 文档的内容。

标准的 HTML 文档一般包括开头与结尾标志以及 HTML 的头部与实体两大部分。图 1-5 所示为一般 HTML 的基本组成情况。

图1-5 一般HTML的基本组成情况

这个文档的第一个 Tag（标签）是 <html>，这个 Tag 告诉浏览器这是 HTML 文档的头。文档的最后一个 Tag 是 </html>，表示 HTML 文档到此结束。

（1）在 <head> 和 </head> 之间的内容，是 Head 信息。Head 信息是不显示出来的，在浏览器里看不到。但是这并不表示这些信息没有用处。比如可以在 Head 信息中加上一些关键词，有助于搜索引擎能够搜索到这个网页。

（2）在 <title> 和 </title> 之间的内容，是这个文档的标题。可以在浏览器最顶端的标题栏看到这个标题。

（3）在 <body> 和 </body> 之间的信息，是文档的正文部分。在 <b> 和 </b> 之间的文字，用粗体表示。<b> 就是 bold 的意思。

HTML 文档看上去和一般文本类似，但是它比一般文本多了 Tag，如 <html>、<b> 等，通过这些 Tag，可以告诉浏览器如何显示这个文件。

> **说明**
>
> HTML 为什么受到互联网用户的青睐，而得到广泛的应用呢？最重要的原因是它能使浏览器方便地获取网站信息，在 HTML 中，包含了一种超链接点，它是一种 URL 指标，可以通过启动它来获取网页。
>
> 通过以上介绍，了解了网页的实质就是 HTML 文件，通过在 HTML 文件中使用脚本语言以及相关的网页组件，可以制作出非常完美的网页效果，实现网页需要表达的全部功能。

2．HTML 的语法

HTML 的语法结构很简单，主要由 HTML 卷标与 HTML 属性两部分组成。下面通过例子来说明 HTML 的语法：HTML 文件或页面（国家）|HTML 元素（家庭）|HTML 卷标（重要成员，男人或女人）|HTML 属性（其他成员，如孩子）。

> **说明**
>
> 　　对于不同的浏览器，对同一标记符可能会有不完全相同的解释，因而可能会有不同的显示效果。

1.1.4　网页设计的基本原则

作为一名优秀的网页设计师，必须掌握好网页设计的基本原则，在设计网页之前必须对网页的内容有一个合理的定位，内容设计需要精确，以吸引用户访问网页。

1．重视首页的内容设计

首页是用户认识这个网站的初始印象，因此首页的设计非常重要。如果是新设计的网站，最好在第一页就对这个网站的性质与所提供的内容做扼要说明与导引，能够让访问者判断出是否继续浏览网页中的相关内容和信息。最好在首页中对网页的整体内容有一个合理的分类，能让访问者第一时间找到需要的网页内容。

网页设计师在设计主页时，最好不要在主页上放置尺寸太大的图片文件，或加载不当的应用程序，因为它会增加访问者下载网页的时间，导致用户对网页失去耐心和兴趣。在设计主页画面时尽量分类设计，这样可以节约访问者访问网页的时间。例如，游戏网页的首页都能很好地体现其主题，并快速引导用户进入，如图 1-6 所示。

2．按内容主题分类设计

在网页设计中，网页内容的分类非常重要，杂乱无序的网页会让访问者很快失去兴趣。网页设计师可以按照网站的主题分类、按照内容的性质分类、按照客户的需求分类、按照提供的服务分类等。无论采用哪种网页内容的分类方式，它的目的只有一个，就是让访问者第一时间找到自己需要的网页信息。在设计分类时，尽量只采取一种类型的分类方式，不要多种方式混用。图 1-7 所示为苏宁易购的主页，主要按商品的类型进行分类设计。

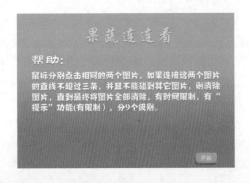

图1-6　网页游戏的首页

图1-7　苏宁易购的主页

3. 将用户体验放在首位

如果一个网站没有用户光顾，再好的网页都是没有意义的，因此用户体验最重要，设计者一定要重视。在设计网页时，对于一些较大的 Flash、图片要尽可能少放或从技术上使其分割，这样可以加快网页的打开速度。

另外，设计者还必须考虑用户的计算机配置问题，使用不同的计算机分辨率，使用不同的浏览器，浏览的网页效果也会有所不同。因此，网页设计师应尽量使用所有浏览器都可以阅读的格式，不要使用只有部分浏览器才支持的 HTML 格式或程序技巧。

4. 加强网站与用户互动性

在网页中进行互动是网页的特色之一，一个成功的网站必须与用户建立良好的互动性，包括整个网页的设计、使用和展现，都要与用户的需求息息相关，设计者们应该掌握互动的原则，让用户感觉每一步都确实得到适当的响应。

一个访问量很高的网站，需要一位好的网页设计师、平常经验的累积以及计算机软硬件技术的运用等。在互动性很高的网站中，一般都提供了与用户互动的内容区，网页中最好加上供用户表达意见的评论栏，如图 1-8 所示，在 HTML 中一定要注意它的格式命令写法。另外，要注意在 UNIX 系统下区分大小写。

图1-8 评论栏

5. 注意网页文档的格式

有一部分网页设计师在编写网页代码时，会省略或简写一些命令格式，这是不正确的。为了日后对网页进行维护时更加方便，设计师在撰写 HTML 时最好将架构设计完整，初学者设计时也可以通过完整的网页架构对 HTML 语法有一个全面的了解和掌握。如果网站需要向用户提供搜索功能，方便用户搜索网站中的相关内容，此时切记在 <Title> 指令中加上可供搜索的关键词串，如图 1-9 所示。

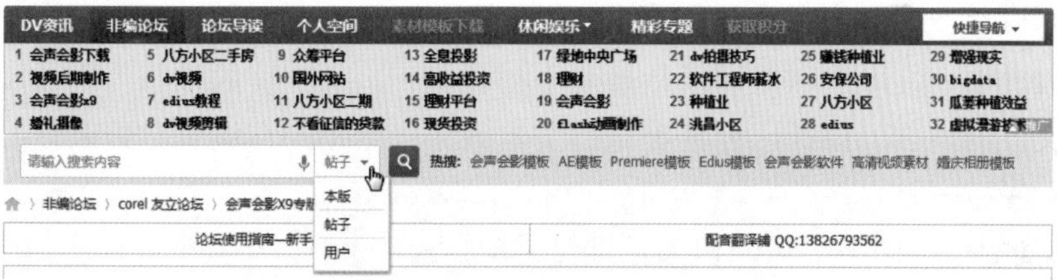

图1-9 透过搜索网站搜索相关信息

6. 制作美观的背景图案

在设计网页时，一些网页设计师还喜欢在网页中加上花哨的背景图案，以为这样可以丰富网页内容，提高网页的美观度，但这样也会耗费网页的传输时间，而且容易影响用户的阅读视觉，反而给用户留下不好的视觉体验。因此，建议设计者们尽量使用干净、清爽的文本展示网页内容，如图1-10所示。如果一定要在网页中使用背景图案，应尽量使用单一的色系，如图1-11所示。

图1-10　未使用背景的网页　　　　　　　　图1-11　使用纯色背景的网页

7. 网页内容应紧跟需求

建设网站一定要进行内容的规划，规划时必须确定自己网站的性质、提供内容以及目标观众，然后根据本身的软硬件条件来设置范围。网页中的内容可以是任何信息，包括文字、图片、影像以及声音等，但一定要与这个网站所要提供给用户的信息有关系。

互联网的特色是能够及时查阅信息，了解网上的新鲜事，丰富生活，这是吸引用户上网的条件。如果设计者本身具有强大的条件，则可以将网站制作成为一个全方位的信息提供者；如果条件不足，建议做到单品浏览量第一。

1.2　网页组成元素

网页通常由文本、图片、超链接以及表单等元素组成。本节主要向读者介绍网页中的组成元素，让读者对网页的框架有一个大概的了解，为后面的学习打下坚实的基础。

1.2.1　网页文本

在网页设计中，文本内容的展示是最基本的元素，也是网页的核心内容，设计师应该合理规划网页文本的内容，设计出独具美观的文本效果，给用户在浏览时带来良好的视觉体验效果。

网页中文本内容的制作，既可以通过键盘手动输入，也可以将其他软件中的文本复制粘贴到网页编辑窗口中，然后根据网页需要展示的内容，设置文本的大小、颜色、字体等多种文本属性，再配上精美的图片作为衬托，可以使网站在视觉上更上一个台阶。在网页中，吸引用户眼球的网页通常都是非常美观的文本样式，如图 1-12 所示。

图1-12　网页文本

1.2.2　网页图片

网页设计师必须重视图片的应用，它在网页中占有非常重要的地位，网页因为有了图片的衬托才显得丰富多彩。图片既能直观地表达主题内容，又起到装饰画面的作用。

图片在网页中的作用是无可替代的，一幅精美合适的图片，往往可以胜过数篇洋洋洒洒的文字，如图 1-13 所示。

图1-13　网页图片

1.2.3　网页动画

一个访问量很高的优质网站，仅有文本和图片的展示是不全面的，也很难长期吸引用户的眼球。设计师们需要在网页中加入必要的动画效果作为装饰，为网页锦上添花，使展示出来的内容更加生动、形象。图 1-14 所示为使用 Flash 制作的网页动画。

图1-14　使用Flash制作的网页动画

1.2.4　网页表格

　　表格在网页中非常重要，它也是 HTML 中的一种语言元素，常用来排列和布局网页的内容，使整个网页的外观更加完美。表格也是网页设计中排版的灵魂，是现代网页制作的主要形式，如图 1-15 所示，通过表格可以在网页中精准地控制各元素的显示方式和显示位置，如图片、视频、动画文件的摆放位置等。

图1-15　网页表格

说明

　　在整个网站的设计制作过程中，网页内容的布局属于核心，在 Dreamweaver 工作界面中，常用来控制网页布局的方法就是使用表格进行多种元素的分布排列，在表格中还可以导入相关的数据文件、对内容进行分栏操作以及定位图片与视频的位置等。

1.2.5 网页超链接

超链接是网站中的主体部分，是指从一个网页链接到另一个网页的方式。例如，指向另一个网页或相同网页上的不同位置。超链接的对象可以是文本、图片、视频、动画、电子邮件或其他网页元素。

图1-16所示的网页超链接中，既包含了文本链接，又有图像链接。

图1-16　网页超链接

1.2.6 网页表单

表单的作用主要在于收集用户的相关信息和需求。用户在网页的表单中可以输入相应的文本内容、选中相应的单选按钮和复选框，以及从下拉列表中选择相关的选项。当用户填写好表单内容后，站点会送出用户所输入的信息内容，以各种不同的方式进行处理，如图1-17所示。

图1-17　网页表单

1.3　网页制作软件

网页一般包含文本、图像、动画、音乐以及视频等多种对象，因此在制作过程中需要结合多种软件，通常使用的软件包括 Dreamweaver、Flash 和 Photoshop。下面对这些软件分别进行简单介绍。

1.3.1 Dreamweaver 网页制作核心功能

Dreamweaver CS6 是一个功能十分强大的网页设计和网站管理工具，支持 Web 技术，包含 HTML 格式化选项、可视化网页设计、图像编辑、全局查找替换、处理 Flash 和 Shockwave 等媒体格式和动态 HTML 以及基于团队的 Web 创作。在 Dreamweaver CS6 界面中编辑网页内容时，用户可选择以可视化的方式或者以源代码的方式进行网页内容的修改编辑操作。图1-18所示为 Dreamweaver CS6 工作界面。

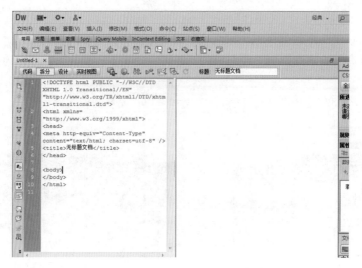

图1-18　Dreamweaver CS6工作界面

使用 Dreamweaver CS6 网页设计软件时，需要掌握以下核心功能：

（1）使用表格、框架以及 Div 对网页进行布局设计。

（2）为网页添加文本、图片、Flash 动画以及表单等各种内容。

（3）使用 CSS 可以对网页进行美化。

（4）使用行为可以制作出各种交互式网页效果。

1.3.2　Flash 网页制作核心功能

在网页中，动画是不可缺少的元素，在网页中添加动画可以使网页更加生动形象，这样可以吸引更多的浏览者，从而提高网页的访问率。Flash CS6 是一款集多种功能于一体的多媒体制作软件，主要用于创建基于网络流媒体技术的带有交互功能的矢量动画。图 1-19 所示为 Flash CS6 工作界面。

图1-19　Flash CS6工作界面

说明

运用 Flash CS6 可以制作出各种风格的网页动画作品。若按作品目的和商业用途来划分，可以将 Flash 的应用领域归纳为卡通动画、片头动画、游戏动画、广告动画、教学课件、电子贺卡和 MTV 制作等。

使用 Flash CS6 动画制作软件时，需要掌握以下核心功能：

（1）Flash 是一款非常优秀的交互式矢量动画制作工具，能制作包含矢量图、位图、动画、音频以及交互式动画等内容。

（2）使用 Flash 可以制作网站的介绍页面、广告条和按钮，甚至整个网站。

1.3.3　Photoshop 网页制作核心功能

Photoshop CS6 是一款优秀的平面设计与图像处理软件，被广泛用于网页设计、图像处理、图形制作、广告设计、影像编辑和建筑效果图设计等方面。图1-20所示为Photoshop CS6工作界面。

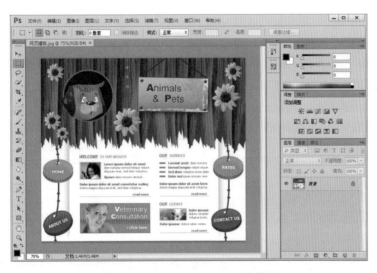

图1-20　Photoshop CS6工作界面

使用Photoshop CS6图像处理软件时，需要掌握以下核心功能：

（1）支持多种图像格式以及多种色彩模式，可以任意调整图像的尺寸、分辨率及画布的大小。

（2）可以设计网页的整体效果图和处理网页中的产品图像，设计网页 Logo、网页按钮以及网页宣传广告图像等。

1.4　网页制作流程

文字与图片是构成一个网页的两个最基本的元素，文字是网页的内容，而图片可以使网页更加美观。除此之外，网页的元素还包括动画、音乐、程序等。本节主要向读者介绍网页的整体制作流程，使读者对网页制作过程有一个大致的了解。

1.4.1　定位网站主题

一个受用户关注、欣赏和欢迎的网站，只有精美、华丽的页面是远远不够的，最重要的是这个网站必须有一个准确的主题定位，使用户通过该网站能得到些什么，这样才能日积月累地积攒人气和访问量。用户就是流量，流量就是网站的命脉，有了流量网站才能长久生存。

网站的主题多种多样，设计者可根据自己擅长和喜欢的类型精确定位网站的主题，选择一种受欢迎的主题内容非常重要。

用户可以从以下 3 个方面对网站主题进行定位：

（1）网站的主题要小而精致。

（2）选择自己喜欢或者擅长的内容。

（3）主题不要太普通也不要目标太高，应适当。

1.4.2　构建网站框架

要构建一个良好的网站框架，网页设计师必须做到以下 5 个方面：

（1）每页都要有更新带动器，有更新带动器的页面更易获得好的权重。

（2）网站文章中的标题就是内页的 title，如果想让内页成为关键字，则最好让内页的 title 每页都可以独立设置，一般会默认为文章的标题。

（3）实现 URL 静态化。URL 静态化有利于网站的排名，虽然现在搜索引擎已经可以收录动态地址，但是在排名上静态化的页面比动态化更有优势。

（4）网页分类要明显，与网站关键词配合。

（5）网页最底部与网站标题配合。底部一般是版权和友情链接，友情链接的添加要有规律，布局要合理。

1.4.3　设计网站形象

从平面设计到网页设计，虽然设计原则不离其宗，但设计媒介的变化赋予很多媒介自身的特殊性，不同的设计媒介对于设计的要求也是不同的。

网站的形象包含多方面的内容，如网站 Logo、文本、广告、动画、图片、按钮、背景、图文排版、用户反馈等。其实，还有很多网站形象设计的重点，如交互设计。设计者可以展示给用户看到的这些，构成了用户体验设计的一个大过程。这些都能使设计者很好地把握住网站整体形象，很好地把设计理念运用到其中。

1.4.4　制作网站页面

一个网站由多个网页构成，为了便于浏览者轻松自如地访问各个网页，在制作网页时应考虑以下 6 个方面：

（1）栏目设置：栏目实质是一个网站的大纲索引，应该将网站的主体明确地显示出来。

（2）结构设计：确定需要设置哪些栏目后，需要从这些栏目中挑选出最重要的几个栏目，对它们进行更详细的规划。

（3）创建超链接：将各个页面进行链接，方便浏览者浏览网页内容。

（4）颜色搭配：合理地应用色彩是非常关键的，不同的色彩搭配会产生不同的效果，并能影响浏览者的情绪。

（5）版面布局：网页页面的版面布局一般遵循的原则是突出重点、平衡和谐，将网站标志、主菜单等最重要的模块放在最显眼、最突出的位置。

（6）图片设计：合理地使用 JPG 和 GIF 格式。一般来说，颜色较少（在 256 色以内）的图像要把它处理成 GIF 格式；颜色比较丰富的图像，最好把它处理成 JPG 格式。

1.4.5　发布与宣传网站

当一个网站制作完毕后，就可以将它发布到 Internet 上，以便于更多的浏览者可以看到该网站的信息。发布与宣传网站可从以下 4 点开始做起：

（1）测试网站：在发布站点前需先对站点进行测试，这样可以避免后期出现的很多问题，而且还可以根据客户的要求和网站大小等进行测试。

（2）注册域名：每个个人主页都有自己的域名，就像人总有个名字。最好是能拥有自己的国际顶级域名，也可使用免费二级域名。

（3）开始发布：发布网页一般使用 FTP（远程文件传输）软件，也可直接用 Dreamweaver 中自带的站点命令进行上传。

（4）宣传网站：如何提高站点人气对一个网站来说非常重要。要提高人气，最重要的应该是创意和宣传，还有就是网站的定位要精确。

1.4.6　更新与维护网站内容

当网站的站点已经发布到互联网中并正常运行后，网页维护人员需要每隔一段时间对站点中的链接页面内容进行维护与更新，使网站中的内容与企业动态实时对接，吸引更多的浏览者。另外，网页维护人员还需要检查页面中相关元素的超链接是否链接正常，以防止某些页面无法打开的情况出现。

网页维护人员对于网站的更新与维护不仅仅只针对更换网页中的文字内容或图片，而是应该将企业的发展方向与商业动态充分纳入网站的内容维护中，再结合目前网站的规划结构，快速做出相应的改进措施。企业每次发布一项新技术推广时，不仅应该通过报纸和电视媒体作宣传，还应该充分利用网络这个最具有影响力的市场。每个企业可根据自身的商业特征制定不同的维护方案，并保证在最短的时间内迅速完成，如图 1-21 所示。

图1-21　更新与维护网站

小　　结

通过本章内容的学习，读者可以了解网页的基本概念、网页基本组成元素以及目前制作网页的 3 种工具软件，包含 Dreamweaver、Photoshop 和 Flash 软件，并了解网页的整体制作流程，如定位网站主题、构建网站框架、设计网站形象、制作网站页面、发布与宣传网站以及更新与维护网站内容等。希望读者熟练掌握本章基础知识，为后面学习网页设计奠定良好的理论基础。

习 题 测 试

鉴于本章知识的重要性，为了帮助读者更好地掌握所学知识，下面将通过上机习题，帮助读者进行简单的知识回顾和补充。

	素材文件	无
	效果文件	无
	学习目标	掌握启动 Dreamweaver CS6 的方法

本习题需要读者掌握启动 Dreamweaver CS6 的方法，启动方法如图 1-22 所示，启动后的界面如图 1-23 所示。

图1-22　启动方法　　　　　　　　　　　图1-23　启动后的界面

Dreamweaver CS6
快速入门

本章引言

　　本章主要介绍 Dreamweaver CS6 的基本操作界面和站点的创建和管理等知识。通过本章的学习，读者可以了解软件界面的各个组成部分的功能、创建网页文档并进行页面属性设置等。这些都是网页制作最基本的知识，是进行网页制作的前提。

本章主要内容

■ 2.1 启动与退出 Dreamweaver CS6

■ 2.2 Dreamweaver CS6 界面

■ 2.3 网页文档的基本操作

■ 2.4 设置网页的页面属性

■ 2.5 创建网页站点的方法

■ 2.6 综合案例——制作房产网页

2.1 启动与退出 Dreamweaver CS6

运用 Dreamweaver CS6 进行网页设计之前，首先要学习软件最基本的操作，如启动与退出 Dreamweaver CS6 软件。

2.1.1 启动 Dreamweaver CS6

将 Dreamweaver CS6 安装到计算机中后，即可启动 Dreamweaver CS6 程序，进行网页设计操作。下面介绍启动 Dreamweaver CS6 软件的操作方法。

	素材文件	无
	效果文件	无
	视频文件	光盘 \ 视频 \ 第 2 章 \2.1.1 启动 Dreamweaver CS6

步骤 01 在Dreamweaver CS6安装文件夹中，双击Dreamweaver.exe程序图标，如图2-1所示。

步骤 02 启动Dreamweaver CS6程序，弹出相应对话框，单击HTML按钮，如图2-2所示。

图2-1 双击程序图标

图2-2 单击HTML按钮

专家指点

还可以通过以下方法启动 Dreamweaver CS6 软件：

（1）程序菜单：单击"开始"按钮，在弹出的"开始"菜单中单击 Adobe｜Adobe Dreamweaver CS6 命令。

（2）快捷菜单：在 Windows 桌面上，右击 Adobe Dreamweaver CS6 图标，在弹出的快捷菜单中选择"打开"命令。

（3）双击图标：在 Windows 桌面上，双击 Adobe Dreamweaver CS6 图标。

步骤 03 执行操作后，即可新建网页文档，并进入Dreamweaver CS6的工作界面，如图2-3所示。

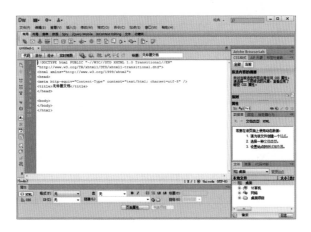

图2-3　Dreamweaver CS6的工作界面

2.1.2　退出 Dreamweaver CS6

完成网页内容的设计与编辑后，如果不再需要使用Dreamweaver CS6的工作界面，此时可以退出该程序，以提高计算机的运行速度。

素材文件	无
效果文件	无
视频文件	光盘 \ 视频 \ 第 2 章 \2.1.2　退出 Dreamweaver CS6.mp4

步骤 01 在Dreamweaver CS6工作界面中，单击"文件"|"退出"命令，如图2-4所示。

步骤 02 执行操作后，即可退出Dreamweaver CS6应用程序，返回操作系统桌面，如图2-5所示。

图2-4　单击"退出"命令

图2-5　返回操作系统桌面

说明

用户还可以通过以下 6 种方法，退出 Dreamweaver CS6 软件：

(1) 快捷键 1：按【Ctrl + Q】组合键，即可快速退出程序。

(2) 快捷键 2：按【Alt + F4】组合键，即可退出程序。

(3) 选项 1：单击"标题栏"左上角的 **Dw** 图标，在弹出的菜单中选择"关闭"命令，即可退出程序。

(4) 选项 2：在任务栏的 Dreamweaver CS6 程序图标上右击，在弹出的快捷菜单中选择"关闭窗口"命令，也可以退出程序。

(5) 按钮：在 Dreamweaver CS6 操作界面中，单击右上角的"关闭"按钮。

(6) 图标：双击"标题栏"左上角的 **Dw** 图标，即可退出程序。

2.2 Dreamweaver CS6 界面

在 Dreamweaver 工作界面中，用户可以查看文档和对象的属性，工作界面中还将许多常用操作放置于工具栏中，用户可以快速对文档进行更改。

在 Windows 操作系统中，Dreamweaver 提供了一个将全部元素置于一个窗口中的集成布局。在集成的工作区中，全部窗口和面板都被集成到一个更大的应用程序窗口中。图 2-6 所示为 Dreamweaver CS6 工作界面的各组成部分。

图2-6 Dreamweaver CS6工作界面组成部分

2.2.1 菜单栏

菜单栏中包含"文件""编辑""查看""插入""修改""格式""命令""站点""窗口"和"帮助"10 个菜单，如图 2-7 所示。

图2-7 菜单栏

各菜单的含义如下：

（1）"文件"菜单：包含"新建""打开""保存"以及"保存全部"等命令，还包含其他命令，用于查看当前文档或对当前文档执行操作，例如"在浏览器中预览"和"打印代码"等操作命令。

（2）"编辑"菜单：包含对页面字符进行"查找""替换""选择"和"搜索"等命令，例如"选择父标签"和"查找和替换"命令。

（3）"查看"菜单：可以看到文档的各种视图（如"设计"视图和"代码"视图），并且可以显示和隐藏不同类型的页面元素和Dreamweaver工具及工具栏。

（4）"插入"菜单：提供"插入"栏的替代项，用于将对象插入文档。

（5）"修改"菜单：可以更改选定页面元素或项的属性。使用此菜单，可以编辑标签属性，更改表格和表格元素，并且为库和模板执行不同的操作。

（6）"格式"菜单：使用户可以轻松地设置文本的格式。

（7）"命令"菜单：提供对各种命令的访问，包括一个根据格式首选参数设置代码格式的命令、一个创建相册的命令等。

（8）"站点"菜单：提供用于管理站点以及上传和下载文件的命令。

（9）"窗口"菜单：提供用于窗口的控制操作，如打开和关闭属性面板、层叠和平铺工作窗口等。

（10）"帮助"菜单：提供对Dreamweaver文档的访问，包括关于使用Dreamweaver以及创建Dreamweaver扩展功能的帮助系统，还包括各种语言的参考材料。

2.2.2 "属性"面板

"属性"面板主要用于显示在网页中对象的属性，并允许用户在"属性"面板中对对象属性进行各种修改。默认情况下，"属性"面板会显示光标所在位置的文字属性，如图2-8所示。

图2-8 "属性"面板

在"属性"面板中，用户可以进行如下操作：

（1）在"文档"窗口中选择页面元素，可以查看并更改页面元素的属性。必须展开"属性"检查器才能查看选定元素的所有属性。

（2）在"属性"面板中，可以更改任意属性。

当用户在页面编辑窗口中选择图像时，"属性"面板会显示图2-9所示的图像属性。

图2-9 选择图像时的"属性"面板

2.2.3 "文档"工具栏

Dreamweaver CS6 中的"文档"工具栏主要包含对文档进行常用操作的按钮，如图 2–10 所示。通过"文档"工具栏中的按钮可快速对页面文档进行查看和编辑操作。

图2–10 "文档"工具栏

在"文档"工具栏中，各主要按钮含义如下：

（1）"代码"视图：一个用于编写和编辑 HTML、JavaScript、服务器语言代码（如 PHP 或 ColdFusion 标记语言 CFML）以及任何其他类型代码的手工编码环境，如图 2–11 所示。

（2）"设计"视图：一个用于可视化页面布局、可视化编辑和快速应用程序开发的设计环境。在该视图中，Dreamweaver 显示文档的完全可编辑的可视化表示形式，类似于在浏览器中查看页面时看到的内容，如图 2–12 所示。

图2–11 "代码"视图

图2–12 "设计"视图

（3）"拆分"视图：在一个窗口中可同时看到同一文档的"代码"视图和"设计"视图，如图 2–13 所示。

（4）实时视图：与"设计"视图类似，实时视图更逼真地显示文档在浏览器中的表示形式，并能够像在浏览器中那样与文档交互。实时视图不可编辑，不过可以在"代码"视图中进行编辑，然后刷新实时视图查看所做的更改。

（5）"实时代码"视图：仅在实时视图中查看文档时可用。"实时代码"视图显示浏览器用于执行该页面的实际代码，当在实时视图中与该页面进行交互时，它可以动态变化。"实时代码"视图不可编辑。

图2-13 "拆分"视图

说明

当"文档"窗口处于最大化状态（默认值）时，"文档"窗口顶部会显示选项卡，上面显示了所有打开的文档的文件名。如果尚未保存已做的更改，则 Dreamweaver 会在文件名后显示一个星号。若要切换到某个文档，可选择相应选项卡。

Dreamweaver CS6 的状态栏中，显示了"文档"窗口的当前尺寸（以像素为单位）。若要将页面设计为在使用某一特定尺寸大小时具有最好的显示效果，可以将"文档"窗口调整到任一预定义大小、编辑这些预定义大小或者创建新的大小。更改设计视图或实时视图中页面的视图大小时，仅更改视图大小的尺寸，而不更改文档大小。

2.2.4 "插入"面板

"插入"面板包含用于将各种类型的对象（如图像、表格和层）插入到文档中的命令。每个对象都是一段 HTML 代码，允许用户在插入时设置不同的属性。

单击"窗口"|"插入"命令，如图 2-14 所示，即可显示"插入"面板，如图 2-15 所示，再次单击"插入"命令，即可隐藏"插入"面板。单击"插入"面板上方的下三角按钮，在弹出的列表框中，用户可以选择需要插入的对象类型，如图 2-16 所示。

图2-14 单击"插入"命令

图2-15 "插入"面板

图2-16 选择对象类型

> **说明**
>
> 如果用户处理的是某些类型的文件（如 XML、JavaScript、Java 和 CSS），则"插入"面板和"设计"视图选项将变暗，因为无法将项目插入到这些代码文件中。

2.2.5　浮动面板

Dreamweaver 中还有多种功能面板，用户可以根据实际需要对面板进行展开或者折叠操作，主要是方便用户对网页进行设计，符合用户的操作习惯。这些面板还可以任意组合和移动，称为"浮动面板"，如图 2-17 所示。通常将同一类型或功能的面板组合在一个面板组中，没有显示的面板还可以通过"窗口"菜单快速呈现。

例如，"历史记录"面板主要用于管理已执行的操作；"框架"面板反映了当前网页的框架结构；"层"面板显示了当前网页中的层，用户可利用它打开、关闭层或调整层顺序。在面板名字上右击，或者单击面板组右上角的 ▼☰ 按钮，可以打开图 2-18 所示的面板菜单，执行帮助、关闭以及关闭标签组等操作。

图2-17　浮动面板

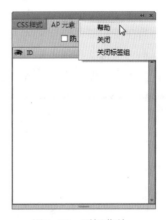

图2-18　面板菜单

> **说明**
>
> 一般情况下，浮动面板在界面中显示得越少越好，这样可以放大工作区的显示，使网页内容最大限度地展现出来，方便用户对网页页面进行设计。

2.3　网页文档的基本操作

网页文档就是进行网页设计等操作的原始文件，使用 Dreamweaver 对网页进行设计时，会涉及一些网页文档的基础操作，如创建网页文档、保存网页文档、打开网页文档和关闭网页文档等。

2.3.1 创建网页文档

如果需要设计出一个网页，首先需要在 Dreamweaver CS6 界面中创建一个空白网页文档。

素材文件	无
效果文件	无
视频文件	光盘 \ 视频 \ 第 2 章 \2.3.1 创建网页文档 .mp4

步骤 01 单击"文件"│"新建"命令，如图2–19所示。

步骤 02 弹出"新建文档"对话框，在"空白页"的"页面类型"列表框中选择HTML选项，在"布局"列表框中选择"1 列固定，居中，标题和脚注"选项，如图2–20所示。

图2–19 单击"新建"命令

图2–20 "新建文档"对话框

说明

在 Dreamweaver CS6 界面中，还可以通过以下两种方法创建网页文档：

（1）快捷键：按【Ctrl + N】组合键，弹出"新建文档"对话框。

（2）按钮：在 Dreamweaver CS6 启动界面中，单击 HTML 按钮，可以直接创建文档。

步骤 03 设置完成后，单击右下角的"创建"按钮，执行操作后，即可创建一个"1列固定，居中，标题和脚注"的网页文档，如图2–21所示。

图2–21 创建的网页文档

2.3.2 保存网页文档

完成网页文档的设计与编辑之后，必须马上保存网页文档，防止因为断电导致网页文件的丢失。

单击"文件"|"另存为"命令，如图 2-22 所示，弹出"另存为"对话框，设置相应的保存类型和文件名，如图 2-23 所示，单击"保存"按钮，即可保存网页文档内容。

图2-22　单击"另存为"命令　　　　　　图2-23　　"另存为"对话框

说明

在 Dreamweaver CS6 界面中，还可以通过以下 4 种方法保存网页文档。

（1）快捷键 1：按【Ctrl + S】组合键，弹出"另存为"对话框。

（2）快捷键 2：按【Ctrl + Shift + S】组合键，弹出"另存为"对话框。

（3）快捷键 3：单击"文件"菜单，弹出菜单列表后按【S】键，可弹出"另存为"对话框。

（4）快捷菜单：在标题栏右侧空白处右击，在弹出的快捷菜单中选择"保存"命令，弹出"另存为"对话框。

2.3.3 打开网页文档

需要使用其他已经保存的网页文档时，可以选择需要的网页文档打开。

	素材文件	光盘 \ 素材 \ 第 2 章 \2.3.3\index.html
	效果文件	无
	视频文件	光盘 \ 视频 \ 第 2 章 \2.3.3 打开网页文档 .mp4

步骤 01 单击"文件"|"打开"命令，如图2-24所示。

步骤 02 弹出"打开"对话框，选择相应的网页文档，如图2-25所示。

图2-24　单击"打开"命令　　　　　　　　图2-25　"打开"对话框

步骤 03 单击"打开"按钮，即可打开网页文档，如图2-26所示。

图2-26　打开网页文档

说明

在Dreamweaver CS6界面中，还可以通过以下两种方法打开网页文档。

- **快捷键**：按【Ctrl + O】组合键，弹出"打开"对话框。
- **快捷菜单**：在标题栏右侧空白处右击，在弹出的快捷菜单中选择"打开"命令，弹出"打开"对话框。

2.3.4　关闭网页文档

使用Dreamweaver CS6软件完成对网页的设计与编辑操作后，即可关闭当前网页文档，以提高系统的运行速度。单击"文件"|"关闭"命令，如图2-27所示。执行操作后，即可关闭网页文档，如图2-28所示。

图2-27　单击"关闭"命令　　　　　　　　图2-28　关闭网页文档

说明

在 Dreamweaver CS6 界面中，还可以通过以下两种方法关闭网页文档：

（1）快捷键：按【Ctrl+W】组合键，可以关闭网页文档。

（2）快捷菜单：在标题栏右侧空白处右击，在弹出的快捷菜单中选择"关闭"命令，可以关闭网页文档。

2.4　设置网页的页面属性

网页设计是一个网页创作的过程，是根据客户需求从无到有的过程，网页设计具有很强的视觉效果、互动性、操作性等特点。

一个成功的网页设计，首先在观念上要确立动态的思维方式，其次要有效地将图形引入网页设计中，提高人们浏览网页的兴趣。在崇尚鲜明个性风格的今天，网页设计应该增加个性化的因素。

网页设计并非是纯粹的技术型工作，而是融合了网格应用技术与美术设计两个方面。因此，对从事人员来说，仅掌握网页设计制作的相关软件是远远不够的，还需要有一定的美术功底和审美能力。本节将介绍网页背景的设计方法，帮助用户迈出网页设计的关键一步。

2.4.1　设置网页背景的颜色

在网页中合理地应用背景色彩是非常关键的，不同的色彩搭配产生不同的效果，并能影响用户的情绪。

素材文件	光盘 \ 素材 \ 第 2 章 \2.4.1\Index.html
效果文件	光盘 \ 效果 \ 第 2 章 \2.4.1\Index.html
视频文件	光盘 \ 视频 \ 第 2 章 \2.4.1　设置网页背景的颜色 .mp4

步骤 01 单击"文件"｜"打开"命令，打开一个网页文档，如图2-29所示。

步骤 02 单击"修改"｜"页面属性"命令，如图2-30所示。

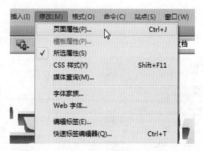

图2-29　打开网页文档　　　　图2-30　单击"页面属性"命令

步骤 03 弹出"页面属性"对话框，单击"背景颜色"右侧的拾色器按钮 ▫，如图2-31所示。

步骤 04 弹出拾色器面板，在其中选择相应的背景颜色色块，如图2-32所示。

图2-31　"页面属性"对话框

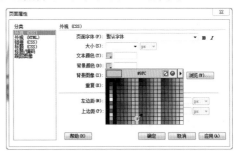

图2-32　选择颜色色块

步骤 05 执行操作后，即可设置"背景颜色"选项，如图2-33所示。

步骤 06 单击"确定"按钮，即可设置网页文档的背景颜色，效果如图2-34所示。

图2-33　设置"背景颜色"选项

图2-34　设置网页文档的背景颜色

2.4.2　设置网页的背景图像

文本和图像是网页中最基本的构成元素，在任何网页中，这两种基本的构成元素都是必不可少的，它们可以用最直接、最有效的方式向浏览者传达信息。而网页设计人员需要考虑如何把这些元素以一种更容易被浏览者接受的方式组织起来放到网页中去，对于网页中的基本构成元素（文本和图像），大多数浏览器本身都可以显示，无须任何外部程序或模块支持。随着技术的不断发展，更多的元素会在网页艺术设计中得到应用，使浏览者可以享受到更加完美的效果。在新技术不断发展的大环境下，网页设计的要求也在不断提高，而新技术也让网页设计提高到了更高的层次。

	素材文件	光盘 \ 素材 \ 第 2 章 \2.4.2\index.html
	效果文件	光盘 \ 效果 \ 第 2 章 \2.4.2\index.html
	视频文件	光盘 \ 视频 \ 第 2 章 \2.4.2　设置网页的背景图像 .mp4

步骤 01 单击"文件"|"打开"命令，打开一个网页文档，如图2-35所示。

步骤 02 展开"属性"面板，单击"页面属性"按钮，如图2-36所示。

图2-35　打开网页文档　　　　　　　　　图2-36　单击"页面属性"按钮

步骤 **03** 执行操作后，弹出"页面属性"对话框，单击"背景图像"右侧的"浏览"按钮，如图2-37所示。

步骤 **04** 弹出"选择图像源文件"对话框，选择相应的背景图像文件，如图2-38所示。

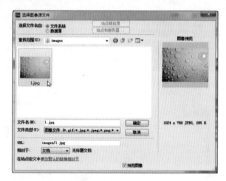

图2-37　"页面属性"对话框　　　　　　　图2-38　"选择图像源文件"对话框

步骤 **05** 单击"确定"按钮，即可添加背景图像文件，如图2-39所示。

步骤 **06** 单击"应用"和"确定"按钮，即可设置网页的背景图像，效果如图2-40所示。

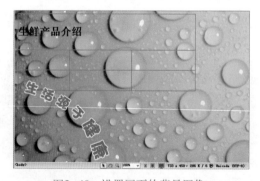

图2-39　添加背景图像文件　　　　　　　图2-40　设置网页的背景图像

2.4.3　设置网页的页面链接

链接是网站的灵魂，从一个网页指向另一个目的端的链接。超链接可以是文本或者图片，其中既有文本链接，又有图像链接，而且还可以通过导航栏进行超链接。

在网页中，一般文字上的超链接都是蓝色（用户也可以设置成其他颜色），文字下面有一条下画线。网页上的超链接一般分为以下3种。

第一种：绝对 URL 超链接。简单地讲，URL（Uniform Resource Locator，统一资源定位符）就是网络上的一个站点、网页的完整路径。

第二种：相对 URL 超链接。如将自己网页上的某一段文字或某标题链接到同一网站的其他网页。

第三种：同一网页的超链接，这种超链接又称书签。

在网页文档中，展开"属性"面板，单击"页面属性"按钮，如图 2-41 所示。弹出"页面属性"对话框，选择"分类"列表框中的"链接（CSS）"选项，切换到"链接（CSS）"选项卡，在其中用户可以设置链接页面的字体大小、链接颜色以及下画线样式等，如图 2-42 所示，设置完成后，单击"确定"按钮，即可完成页面链接的属性设置。

图2-41　单击"页面属性"按钮 　　　　图2-42　"链接（CSS）"选项卡

2.5　创建网页站点的方法

Dreamweaver CS6 是一个功能非常强大的站点创建和管理软件，用户使用它可以完成创建 Web 站点和添加个人文档等工作。在熟悉 Dreamweaver CS6 的功能和操作界面之后，可以利用它制作简单的网页。

2.5.1　创建新站点

设置 Dreamweaver CS6 站点是一种组织所有与 Web 站点关联的文档的方法。可在"站点设置"对话框中为 Dreamweaver CS6 站点指定设置。单击"站点"|"新建站点"命令，弹出"站点设置对象"对话框，如图 2-43 所示。

图2-43　"站点设置对象"对话框

在"服务器"选项卡中可选择一个现有的服务器，然后单击"编辑现有服务器"按钮。在"服务器名称"文本框中，指定新服务器的名称（该名称可以是所选择的任何名称）。从"连接方法"下拉列表中选择"本地／网络"选项。单击"服务器文件夹"文本框右侧的"浏览"按钮，浏览并选择存储站点文件的文件夹。

1. 指定本地站点位置

只要填写"站点设置对象"对话框的"站点"类别，即可开始处理 Dreamweaver CS6 站点。该站点类别允许指定将在其中存储所有站点文件的本地文件夹。本地文件夹可以位于本地计算机上，也可以位于网络服务器上。当服务器和站点准备好后，可以在"站点设置对象"对话框中填写其他类别，包括"服务器"类别，可以在其中指定远程服务器上的远程文件夹。

> **说明**
>
> 如果本地根文件夹位于运行 Web 服务器的系统中，则无须指定远程文件夹，这意味着该 Web 服务器正在本地计算机上运行。

"站点名称"显示在"文件"面板和"管理站点"对话框中的名称，该名称不会在浏览器中显示。"本地站点文件夹"文本框中显示本地磁盘上存储的站点文件、模板和库项目的文件夹的名称。可以在硬盘上创建一个文件夹，然后单击文件夹图标浏览到该文件夹。当 Dreamweaver CS6 解析站点根目录相对链接时，它是相对于该文件夹来解析的。

2. 指定服务器

"服务器"类别允许用户指定远程服务器和测试服务器。远程服务器用于指定远程文件夹的位置，该文件夹将存储生产、协作、部署或许多其他方案的文件。远程文件夹通常位于运行 Web 服务器的计算机上。在 Dreamweaver CS6 的"文件"面板中，该远程文件夹被称为远程站点。在设置远程文件夹时，必须为 Dreamweaver CS6 选择连接方法，以将文件上传和下载到 Web 服务器。

2.5.2 管理本地站点

单击"站点"|"管理站点"命令，弹出"管理站点"对话框，如图 2-44 所示，可以对网络文件夹、本地计算机的存储文件以及测试服务器等进行设置。

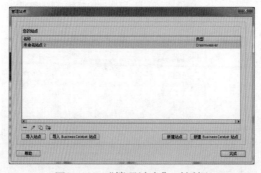

图2-44 "管理站点"对话框

在"管理站点"对话框中，选择站点类别后可执行下列操作：

（1）单击"新建站点"按钮，即可添加一个新的网络站点。

（2）单击"编辑当前选定的站点"按钮 ✎，即可更改当前站点的设置。

（3）单击"复制当前选定的站点"按钮 ⚏，可在当前站点下复制一个一模一样的站点。

（4）单击"删除当前选定的站点"按钮 ➖，即可删除选定的站点。

（5）单击"导出当前选定的站点"按钮 ➟，即可导出所选择的站点。

（6）单击"导入站点"按钮，可从外部导入一个已有的站点。

（7）单击"完成"按钮，即可保存所更改的设置。

2.5.3　管理站点资源

Dreamweaver CS6中的"文件"面板可帮助用户管理文件并在本地和远程服务器之间传输文件，如图2-45所示。

"文件"面板的主要作用如下：

（1）在两个站点之间传输文件时，如果站点中不存在相应的文件夹，则Dreamweaver CS6将创建这些文件夹。

（2）可以在本地和远程站点之间同步文件，Dreamweaver CS6会根据需要在两个方向上复制文件，并且在适当情况下删除不需要的文件。

图2-45　"文件"面板

（3）可以在"文件"面板中查看文件和文件夹，而无论它们是否与Dreamweaver站点相关联。

（4）在"文件"面板中，用户查看站点、文件或文件夹时，可以更改查看区域的大小。对于Dreamweaver CS6站点，可以展开或折叠"文件"面板，还可以通过更改默认显示在折叠面板中的视图（本地站点或远程站点）来对"文件"面板进行自定义。

2.6　综合案例——制作房产网页

下面以制作房产网页效果为例，进行网页的编辑与设计操作，例如在网页中设置跟踪图像、设置网页标题属性以及在浏览器中预览网页的操作方法。

2.6.1　在网页中设置跟踪图像

"跟踪图像"选项可以让设计者在设计页面时插入用作参考的图像文件，下面介绍在网页中设置跟踪图像的操作方法。

	素材文件	光盘 \ 素材 \ 第 2 章 \2.6.1\images\1.png
	效果文件	无
	视频文件	光盘 \ 视频 \ 第 2 章 \2.6.1 在网页中设置跟踪图像 .mp4

步骤 01 新建一个空白网页文档，展开"属性"面板，单击"页面属性"按钮，弹出"页面属性"对话框，选择"分类"列表框中的"跟踪图像"选项，切换到"跟踪图像"选项卡，如图2-46所示。

步骤 **02** 在"跟踪图像"选项卡中，单击"跟踪图像"选项右侧的"浏览"按钮，弹出"选择图像源文件"对话框，选择相应的图像源文件，如图2-47所示。

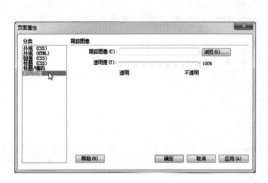 

图2-46 　"跟踪图像"选项卡　　　　　　　　图2-47 　"选择图像源文件"对话框

步骤 **03** 单击"确定"按钮，即可在网页中添加跟踪图像，设置"透明度"为90%，如图2-48所示。

步骤 **04** 单击"确定"按钮，即可在设计窗口中显示相应图像，如图2-49所示。

图2-48 　设置"透明度"为90%　　　　　　　图2-49 　显示相应图像

2.6.2 　在网页中设置标题属性

在浏览一个网页时，通过浏览器顶端的显示条显示的信息就是网页标题，网页标题是对一个网页的高度概括，一般来说，网站首页的标题就是网站的正式名称，而网站中文章内容页面的标题就是文章的题目，栏目首页的标题通常是栏目名称。

素材文件	上一例效果文件
效果文件	无
视频文件	光盘 \ 视频 \ 第 2 章 \2.6.2 在网页中设置标题属性 .mp4

步骤 **01** 切换到"代码"视图，在标签<title>与</title>之间输入"房产网页"，如图2-50所示。

步骤 **02** 执行操作后，即可修改网页文档的"标题"，如图2-51所示。

图2-50 输入"房产网页"

图2-51 修改网页文档的"标题"

说明

也可直接在网页文档上方的"标题"文本框中，手动输入网页文档的标题，这样也方便用户快速对标题内容进行修改操作。

2.6.3 设置网页背景颜色效果

下面向读者介绍在"页面属性"对话框中设置网页背景颜色属性的操作方法，希望读者熟练掌握本节介绍的操作内容。

素材文件	上一例效果文件
效果文件	光盘 \ 效果 \ 第 2 章 \2.6.3\index.html
视频文件	光盘 \ 视频 \ 第 2 章 \2.6.3 设置网页背景颜色效果 .mp4

步骤 01 展开"属性"面板，单击"页面属性"按钮，弹出"页面属性"对话框，在"外观（CSS）"选项卡中，单击"背景颜色"右侧的拾色器按钮，在弹出的拾色器面板中，选择水绿色色块，如图2-52所示。

步骤 02 执行操作后，单击"确定"按钮，即可修改网页文档的"背景颜色"，切换到"设计"视图，预览设置网页背景颜色后的效果，如图2-53所示。

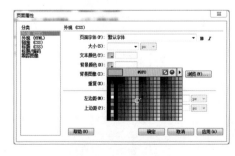

图2-52 选择水绿色色块

图2-53 设置网页的背景颜色

小　　结

本章讲述了 Dreamweaver CS6 的工作界面及各组成部分的功能，并详细介绍了创建、保存、打开和关闭网页文档的操作方法。在此基础上，还介绍了设置网页背景颜色、背景图像以及页面链接的方法，最后讲解了在 Dreamweaver 中创建新站点、管理本地站点和资源的方法，希望读者熟练掌握本章内容。

习 题 测 试

鉴于本章知识的重要性，为了帮助读者更好地掌握所学知识，下面将通过上机习题，帮助读者进行简单的知识回顾和补充。

	素材文件	光盘 \ 素材 \ 第 2 章 \ 课后习题 \1.png
	效果文件	光盘 \ 效果 \ 第 2 章 \ 课后习题 \1.png
	学习目标	掌握设置网页背景图像的操作方法

本习题需要掌握设置网页背景图像的操作方法，素材如图 2-54 所示，最终效果如图 2-55 所示。

图2-54　素材文件　　　　　　　　　　图2-55　效果文件

第3章

创建网页中的
常见元素

 本章引言

学习了网页文档的基本操作后，本章将学习为网页添加内容，包括添加图像、文本、水平线以及特殊字符等。为网页添加相应的内容是网页制作中最基本的操作，需要重点掌握。网页中添加各类对象后才可使网页内容更加鲜明与丰富。

本章主要内容

■ 3.1 插入图像与媒体文件

■ 3.2 插入水平线与特殊字符

■ 3.3 添加与设置文本对象

■ 3.4 综合案例——制作旅游网页

3.1 插入图像与媒体文件

在向网页插入图像之前，通常先画好表格为插入的图像预留空间，再用图像处理软件将图像处理成预定的尺寸，然后才进行插入图像的操作。本节主要向读者介绍插入常见网页元素的方法，希望读者熟练掌握本节内容。

3.1.1 插入 GIF 格式图像

GIF 格式的文件大多用于网络传输，可以将多张图像存储为一个档案，形成动画效果。GIF 图像文件的数据是经过压缩的，而且是采用了可变长度等压缩算法。所以 GIF 的图像深度从 1 bit 到 8 bit，也即 GIF 最多支持 256 种色彩的图像。GIF 格式的另一个特点是其在一个 GIF 文件中可以存多幅彩色图像，如果把存于一个文件中的多幅图像数据逐幅读出并显示到屏幕上，就可构成一种最简单的动画。GIF 文件尺寸较小，且支持透明背景，特别适合作为网页图像。

素材文件	光盘 \ 素材 \ 第 3 章 \3.1.1\index.html、2.gif	
效果文件	光盘 \ 效果 \ 第 3 章 \3.1.1\index.html	
视频文件	光盘 \ 视频 \ 第 3 章 \3.1.1 插入 GIF 格式图像 .mp4	

步骤 01 单击"文件"|"打开"命令，打开一个网页文档，如图3-1所示。

步骤 02 将光标定位于需要插入图像的位置，单击"插入"|"图像"命令，如图3-2所示。

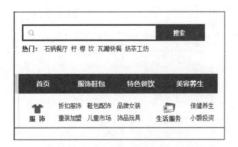

图3-1　打开一个网页文档　　　　图3-2　单击"图像"命令

步骤 03 弹出"选择图像源文件"对话框，选择需要插入的图像，如图3-3所示。

步骤 04 单击"确定"按钮，弹出"图像标签辅助功能属性"对话框，单击"取消"按钮，即可将图片插入到网页文档中，在设计窗口中，适当调整图像的大小，如图3-4所示。

步骤 05 按【F12】键保存后，即可在打开的IE浏览器中看到图3-5所示的效果。

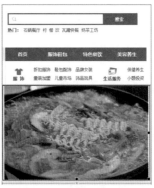
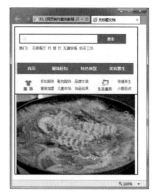

图3-3　"选择图像源文件"对话框　　图3-4　适当调整图像的大小　　图3-5　预览GIF图像效果

3.1.2　插入 JPEG 格式图像

JPEG 格式是一种压缩率很高的文件格式，但在压缩时可以控制压缩的范围，选择所需图像的最终质量。由于高倍率压缩的缘故，JPEG 格式的文件与原图像有较大的差别，印刷时最好不要采用这种格式。JPEG 格式支持 CMYK、RGB、灰度等颜色模式，但不支持 Alpha。

JPEG 格式是目前网络上流行的图像格式，是可以把文件压缩到最小的格式，在 Photoshop 软件中以 JPEG 格式存储时，提供 11 级压缩级别，以 0 ~ 10 级表示。其中 0 级压缩比最高，图像品质最差。

	素材文件	光盘 \ 素材 \ 第 3 章 \3.1.2\Index.html
	效果文件	无
	学习目标	光盘 \ 视频 \ 第 3 章 \3.1.2　插入 JPEG 格式图像 .mp4

步骤 01 单击"文件"|"打开"命令，打开一个网页文档，如图3-6所示。

图3-6　打开一个网页文档

步骤 02 将光标定位于需要插入图像的位置，单击"插入"|"图像"命令，如图3-7所示。

步骤 03 弹出"选择图像源文件"对话框，选择需要插入的JPEG图像，如图3-8所示。

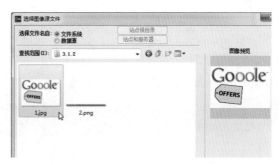

图3-7　单击图像命令　　　　　　图3-8　"选择图像源文件"对话框

步骤 **04** 单击"确定"按钮，弹出"图像标签辅助功能属性"对话框，在"替换文本"文本框中输入"tu"，如图3-9所示。

步骤 **05** 单击"确定"按钮，即可将图片插入到网页文档中，如图3-10所示。

图3-9　输入"tu"　　　　　　　　　　　图3-9　将图片插入文档中

步骤 **06** 按【F12】键保存网页，在打开的IE浏览器中可查看JPEG图像效果，如图3-11所示。

图3-11　预览JPEG图像效果

> **说明**
>
> 　　在 Dreamweaver CS6 中，可在网页中插入适当的图像以使其增色，但图像的大小会影响网页的下载速度，因此，图像要尽量少而精。

3.1.3　插入 PNG 格式图像

PNG（Portable Network Graphics，可移植性网络图像）能够提供长度比 GIF 小 30% 的无损压缩图像文件，它同时提供 24 位和 48 位真彩色图像支持以及其他诸多技术性支持。Photoshop 可以处理 PNG 图像文件，也可以使用 PNG 图像文件格式存储图像文件。

	素材文件	光盘 \ 素材 \ 第 3 章 \3.1.3\index.html、2.png
	效果文件	光盘 \ 效果 \ 第 3 章 \3.1.3\index.html
	视频文件	光盘 \ 视频 \ 第 3 章 \3.1.3 插入 PNG 格式图像 .mp4

步骤 01 单击"文件"|"打开"命令，打开一个网页文档，如图3-12所示。

国内游 / Domestic travel

图3-12　打开一个网页文档

步骤 02 将光标定位于需要插入图像的位置，单击"插入"|"图像"|命令，弹出"选择图像源文件"对话框，选择需要插入的png图像，如图3-13所示。

步骤 03 单击"确定"按钮，弹出"图像标签辅助功能属性"对话框，单击"取消"按钮，即可将图片插入到网页文档中，在设计窗口中，适当调整图像的大小，如图3-14所示。

图3-13　"选择图像源文件"对话框

图3-14　将图片插入到网页文档中

步骤 04 按【F12】键保存网页，在打开的IE浏览器中可查看PNG图像效果，如图3-15所示。

图3-15　查看PNG图像效果

3.1.4 插入 FLV 视频文件

FLV（Flash Video）流媒体格式是随着 Flash MX 的推出发展而来的视频格式。由于 FLV 形成的文件极小、加载速度极快，使得网络观看视频成为可能，它的出现有效地解决了视频导入 Flash 后，使导出的 SWF 文件体积庞大，不能在网络上很好地使用等问题。

	素材文件	光盘 \ 素材 \ 第 3 章 \3.1.4\index.html、capture-2.flv
	效果文件	光盘 \ 效果 \ 第 3 章 \3.1.4\index.html
	视频文件	光盘 \ 视频 \ 第 3 章 \3.1.4 插入 FLV 视频文件 .mp4

步骤 01 单击"文件"｜"打开"命令，打开一个网页文档，如图3-16所示。

步骤 02 将光标定位于需要插入视频的位置，单击"插入"｜"媒体"｜"FLV"命令，如图3-17所示。

图3-16 打开一个网页文档 　　　　　　　 图3-17 单击"FLV"命令

步骤 03 弹出"插入FLV"对话框，单击"浏览"按钮，如图3-18所示。

步骤 04 弹出"选择FLV"对话框，选择相应的FLV文件，如图3-19所示。

步骤 05 单击"确定"按钮，返回"插入FLV"对话框，单击"检测大小"按钮，自动设置宽度和高度，并选中"自动播放"和"自动重新播放"复选框，如图3-20所示。

步骤 06 单击"确定"按钮，插入FLV视频，按【F12】键保存网页，效果如图3-21所示。

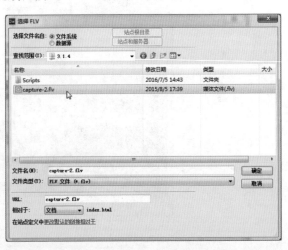

图3-18 单击"浏览"按钮 　　　　　　　 图3-19 选择相应的FLV文件

图3-20 设置相应选项　　　　　　　　图3-21 预览FLV视频文件

3.1.5 插入 SWF 视频文件

在网页中插入动画比较简单，而且还可以对插入的动画进行设置，网页中最常用的动画格式是 .swf。插入 Flash 动画常采用以下两种方法：

（1）确定插入点后，单击"插入"|"媒体"|"SWF"命令，如图 3-22 所示。

（2）确定插入点后，进入"插入"面板中，单击"媒体"选项前的下三角按钮，在弹出的列表框中选择"SWF"选项，如图 3-23 所示。

执行上述任一种操作，都会弹出"选择 Flash 文件"对话框，选择要插入的 Flash 文件，然后单击"确定"按钮将所选动画插入到当前位置。与图像类似，若插入的文件不在站点根目录文件夹中，将会提示是否将文件复制到站点文件夹中。

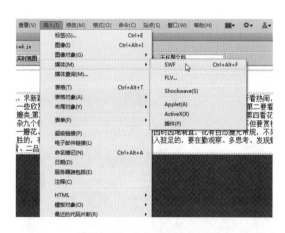

图3-22 单击"SWF"命令　　　　　　图3-23 选择"SWF"选项

一个引人注目的网站，仅有文字和图片是远远不够的，也很难吸引浏览者的目光。适当添加一些精美的网络动画，可以使展示的内容变得栩栩如生。图 3-24 所示为使用 Flash 制作的全动画网页。动画是网页上最活跃的元素，通常制作优秀、创意出众的动画是吸引浏览者最有效的方法。另外，网页中的 Banner 一般都是动画的形式，如图 3-25 所示。

图3-24　网页中的动画　　　　　　　　　　图3-25　网页中的Banner

网页中除了这些最基本的元素，还包括横幅广告、字幕、悬停按钮、日戳、计数器、音频、视频等。

3.1.6　插入鼠标经过图像

用户可以在页面中插入鼠标经过图像，鼠标经过图像是一种在浏览器中查看并使用鼠标指针移过它时发生变化的图像。

使用两个图像文件创建鼠标经过图像：主图像（当首次载入页面时显示的图像）和次图像（当鼠标指针移过主图像时显示的图像）。鼠标经过图像中的这两个图像应大小相等；如果这两个图像大小不同，Dreamweaver 将自动调整第二个图像的大小以匹配第一个图像的属性。鼠标经过图像自动设置为响应 onMouseOver 事件。

插入鼠标经过图像可以采用以下两种方法：

（1）确定插入点后，单击"插入"|"图像对象"|"鼠标经过图像"命令，如图 3-26 所示。

（2）确定插入点后，进入"插入"面板中，单击"图像"选项前的下三角按钮，在弹出的列表框中选择"鼠标经过图像"选项，如图 3-27 所示。

图3-26　单击"鼠标经过图像"命令　　　　　图3-27　选择"鼠标经过图像"选项

3.2 插入水平线与特殊字符

在网页中，水平线是一种常见的元素。在组织网页整体信息时，可以使用一条或多条水平线以可视方式分隔文本和对象，使段落区分更明显，让网页更有层次感。本节主要向读者介绍插入水平线、日期以及字符的操作方法。

3.2.1 插入水平线

如果要添加水平线，只须将光标定位到需添加水平线的位置，然后单击"插入"|"HTML"|"水平线"命令即可。

	素材文件	光盘 \ 素材 \ 第 3 章 \3.2.1\index.html
	效果文件	光盘 \ 效果 \ 第 3 章 \3.2.1\index.html
	视频文件	光盘 \ 视频 \ 第 3 章 \3.2.1 插入水平线 .mp4

步骤 01 单击"文件"|"打开"命令，打开一个网页文档，如图3-28所示。

步骤 02 在表格中，将光标定位到图3-29所示的位置。

图3-28 打开网页文档   图3-29 定位光标

步骤 03 单击"插入"|"HTML"|"水平线"命令，如图3-30所示。

步骤 04 在网页文档中光标的下方插入一条水平线，如图3-31所示。

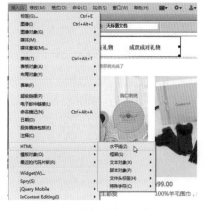

图3-30 单击"水平线"命令   图3-31 插入水平线

步骤 **05** 用同样的方法，在网页文档的页面下方再次插入一条水平线，按【F12】键保存网页，即可在打开的IE浏览器中查看添加水平线后的网页画面效果，如图3-32所示。

图3-32　查看添加水平线后的网页画面效果

> **说明**
>
> 　　在 Dreamweaver CS6 中，展开"插入"面板，在"常用"标签下选择"水平线"选项，也可以在网页文档中插入水平线。

3.2.2　插入日期

　　在 Dreamweaver CS6 中，用户可以根据需要使用相关的命令在网页中插入日期，使访问者可以看到相关的时间信息。

素材文件	光盘 \ 素材 \ 第 3 章 \3.2.2\index.html
效果文件	光盘 \ 效果 \ 第 3 章 \3.2.2\index.html
视频文件	光盘 \ 视频 \ 第 3 章 \3.2.2　插入日期 .mp4

步骤 **01** 单击"文件"|"打开"命令，打开一个网页文档，如图3-33所示。

步骤 **02** 在网页文档中，将光标定位于需要插入日期的表格，如图3-34所示。

步骤 **03** 单击"插入"|"日期"命令，如图3-35所示。

步骤 **04** 弹出"插入日期"对话框，选择适当的格式，如图3-36所示。

步骤 **05** 选中"储存时自动更新"复选框，如图3-37所示。

步骤 **06** 单击"确定"按钮，即可在光标位置处插入当前的日期信息，如图3-38所示。

图3-33 打开网页文档

图3-34 定位光标

图3-35 单击"日期"命令

图3-36 "插入日期"对话框

图3-37 选中"储存时自动更新"复选框

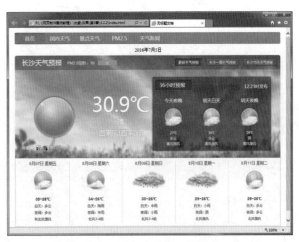

图3-38 插入当前的日期信息

3.2.3 插入特殊字符

在设计网页时经常要在页面中添加一些特殊符号，如英镑符号£、欧元€、音符♪、注册商标®等。在HTML代码中通过转义符来定义特殊字符，如＞用 > 来定义，需要记代码，比较麻烦，此时可以直接在文档中通过相关命令插入特殊字符对象。

将光标定位在要插入特殊字符的位置，如图 3-39 所示，单击"插入"｜"HTML"｜"特殊字符"｜"版权"命令，如图 3-40 所示。

也可以在"插入"｜"HTML"菜单下，依次按【C】和【C】键。

图 3-39 定位在要插入特殊字符的位置　　　　　图 3-40 单击"版权"命令

执行操作后，即可在光标处插入版权符号，如图 3-41 所示。

图3-41 在鼠标光标处插入版权符号

3.3 添加与设置文本对象

在网页中添加与设置文本格式可以使页面更清晰，更具有层次感。图 3-42 所示为设置了文本格式后的效果。Dreamweaver 中的文档就是网页，文本是构成网页的重要元素，对网页制作者来说，如何对文本进行编辑和美化是首要解决的问题，本节主要介绍如何在 Dreamweaver 中对文本进行编辑。

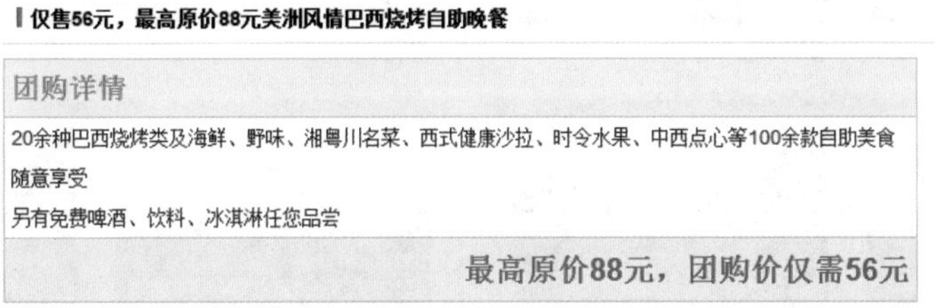

‖ 仅售56元，最高原价88元美洲风情巴西烧烤自助晚餐

团购详情

20余种巴西烧烤类及海鲜、野味、湘粤川名菜、西式健康沙拉、时令水果、中西点心等100余款自助美食随意享受

另有免费啤酒、饮料、冰淇淋任您品尝

最高原价88元，团购价仅需56元

图3-42 设置文本格式的效果

3.3.1 在网页中添加文本

添加文本是 Dreamweaver 中最基本的操作之一。文本是网页中最重要的元素，在网页中添加文本与在 Office 中添加文本一样方便，可以直接输入文本，也可从其他文档中复制文本或插入特殊字符和水平线等。在 Dreamweaver CS6 中，向网页中添加文本有以下3 种方法：

（1）复制文本。用户可以从其他应用程序中复制文本，然后切换到 Dreamweaver 中，将光标定位在要插入文本的位置，单击"编辑"|"粘贴"命令，或者按【Ctrl + V】组合键，即可将文本粘贴到窗口中。单击"编辑"|"选择性粘贴"命令可以进行多种形式的粘贴，其中"仅文本"选项可以不带其他的程序格式，也可以通过单击"编辑"|"首选参数"|"复制／粘贴"命令设置粘贴的首选项。如果要将外部程序中的文字，如 Word 文档中的文字复制到当前页面编辑窗口中，可先将其复制成文本文件，取消 Word 文档格式，然后再复制到页面中。

（2）从其他文档导入文本。在 Dreamweaver 中能够将 Office 文档直接导入到网页中，将光标定位在要插入文本的位置，单击"文件"|"导入"命令，在级联菜单中选择要导入的文件类型即可。

（3）直接在文档窗口中输入文本。在设计视图中，将光标定位在要插入文本的位置处，选择合适的输入法，输入文本即可。

	素材文件	光盘 \ 素材 \ 第 3 章 \3.3.1\index.html
	效果文件	光盘 \ 效果 \ 第 3 章 \3.3.1\index.html
	视频文件	光盘 \ 视频 \ 第 3 章 \3.3.1 在网页中添加文本 .mp4

步骤 01 单击"文件"|"打开"命令，打开一个网页文档，如图3-43所示。

步骤 02 将光标定位在要输入文本的相应位置，如图3-44所示。

步骤 03 在其中输入相应的文本内容，如图3-45所示。

步骤 04 按上述相同的操作，将光标定位到其他要输入文本的位置，然后继续输入相应的文本，如图3-46所示。

图 3-43　打开一个网页文档

图 3-44　定位光标的位置

图3-45　输入相应的文本

图3-46　继续输入相应的文本

说明

在 Dreamweaver CS6 中，需要在多个文本内容之间添加空格时，按【Ctrl+Shift+ 空格】组合键即可输入多个空格。

3.3.2　设置文本字体类型

在"属性"面板的"字体"下拉列表框中，可以对所选的文本进行字体的设置，在下拉列表框中选择一种字体，即可将所选字体应用到所选的文本。

在网页文档中选择要修改的字体类型的文本，如图 3-47 所示。切换到"CSS 属性"面板，单击"字体"右侧的下三角按钮，在弹出的下拉列表中选择"编辑字体列表"选项，弹出"编辑字体列表"对话框，在"可用字体"列表框中选择"方正大黑简体"选项，如图 3-48 所示。

图 3-47　选择要修改的文本　　　　　　图 3-48　选择"方正大黑简体"选项

　　单击"添加"按钮 <<，将字体添加到"选择的字体"列表框中，单击"完成"按钮，单击"字体"右侧的下三角按钮，在弹出的下拉列表中选择"方正大黑简体"选项，如图 3-49 所示。执行操作后，弹出"新建 CSS 规则"对话框，在"选择或输入选择器名称"文本框中输入"zt1"，如图 3-50 所示。

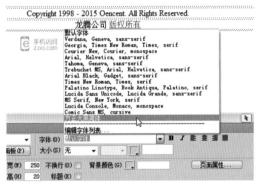

图 3-49　选择"方正大黑简体"选项　　　　图 3-50　"新建 CSS 规则"对话框

　　单击"确定"按钮，即可更改所选文本的字体，按【F12】键保存后，即可在打开的 IE 浏览器中看到修改字体类型后的文本效果，如图 3-51 所示。

图3-51　预览修改字体类型后的文本效果

3.3.3 设置文本字体大小

在网页中，通过不同属性的文本大小可以体现网页文档的层次感，还可以使某些文档内容变得更容易引起浏览者的注意。

用户在网页文档中，选择要修改字体大小的文本，单击"CSS 属性"面板"大小"右侧的下三角按钮，在弹出的列表框中选择"16"，如图 3-52 所示，即可更改所选文本的大小。

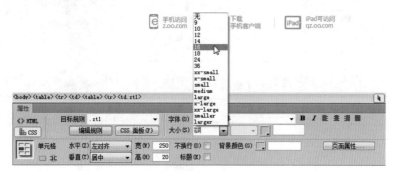

图3-52　在弹出的列表框中选择16

3.3.4 设置文本颜色属性

要改变当前选定文本的颜色，可以使用"属性"面板中的"文本颜色"按钮或单击"格式"|"颜色"命令。文本的默认颜色是黑色，若要改变网页中文本的默认颜色，可以单击"属性"面板中的"页面属性"按钮，在弹出的"页面属性"对话框中进行设置。

在网页文档中，选择要修改字体颜色的文本，如图 3-53 所示。单击"CSS 属性"面板"大小"文本框右侧的色块■，在弹出的调色板中选择相应的颜色，如图 3-54 所示。

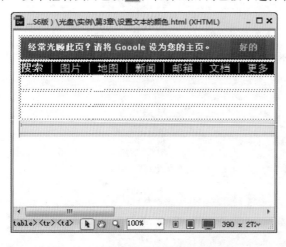

图3-53　选择要修改字体颜色的文本

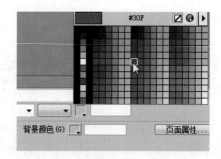

图3-54　选择相应的颜色

弹出"新建 CSS 规则"对话框，在其中设置选择器的名称，如图 3-55 所示。单击"确定"按钮，即可改变文本的颜色，如图 3-56 所示。

图3-55 保持默认设置

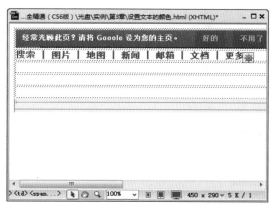

图3-56 改变文本颜色后的效果

3.4 综合案例——制作旅游网页

下面以制作旅游网页效果为例，进行网页的编辑与设计操作，例如在网页中制作文本项目符号、制作网页图片展示、制作网页水平线的效果等，希望读者熟练掌握。

3.4.1 制作文本项目符号

在编辑网页文本时，为了表明文本的结构层次，可以为文本添加适当的项目列表与编号列表来表明文本的顺序，项目列表与编号列表是以段落为单位的，一般出现在层次小标题的开头位置，用于突出该层次小标题。

	素材文件	光盘 \ 素材 \ 第 3 章 \3.4.1\index.html
	效果文件	光盘 \ 效果 \ 第 3 章 \3.4.1\index.html
	视频文件	光盘 \ 视频 \ 第 3 章 \3.4.1 制作文本项目符号 .mp4

步骤 01 单击"文件"|"打开"命令，打开一个网页文档，如图3-57所示。

步骤 02 在网页文档中，选择需要添加项目列表的文本内容，如图3-58所示。

图 3-57 打开一个网页文档

图 3-58 选择文本内容

步骤 03 在文本内容上右击，在弹出的快捷菜单中选择"列表"|"项目列表"命令，如图3–59所示。

步骤 04 执行操作后，即可为所选文本添加项目列表，效果如图3–60所示。

图 3–59 选择"项目列表"命令   图 3–60 为所选文本添加项目列表

3.4.2 制作网页图片展示

在Dreamweaver CS6中，可以根据需要在网页中插入图片素材，使网页画面内容更加丰富、精彩，吸引人们的眼球。

	素材文件	光盘 \ 素材 \ 第 3 章 \3.4.2\index.html
	效果文件	光盘 \ 效果 \ 第 3 章 \3.4.2\index.html
	视频文件	光盘 \ 视频 \ 第 3 章 \3.4.2 制作网页图片展示 .mp4

步骤 01 在3.4.1节的基础上，将光标定位于需要插入图片的位置，如图3–61所示。

步骤 02 单击"插入"|"图像"命令，如图3–62所示。

图3–61 定位光标的位置   图3–62 单击"图像"命令

步骤 03 弹出"选择图像源文件"对话框，选择需要插入的图像，如图3–63所示。

步骤 04 单击"确定"按钮，弹出"图像标签辅助功能属性"对话框，单击"取消"按钮，即可将图片插入到网页文档中，适当调整图片的大小，效果如图3–64所示。

图 3-63 选择需要插入的图像　　　　　图 3-64 适当调整图片的大小

3.4.3 制作网页水平线效果

下面介绍在 Dreamweaver CS6 中，添加网页水平线的操作方法。

素材文件	光盘 \ 素材 \ 第 3 章 \3.4.3\index.html
效果文件	光盘 \ 效果 \ 第 3 章 \3.4.3\index.html
视频文件	光盘 \ 视频 \ 第 3 章 \3.4.3　制作网页水平线效果 .mp4

步骤 01 在3.4.2节的基础上，在网页文档中选择最上方的图片对象，如图3-65所示。

步骤 02 在"插入"面板中选择"水平线"选项，如图3-66所示。

图3-65 选择最上方的图片对象　　　　图3-66 选择"水平线"选项

步骤 03 执行操作后，即可在网页中添加水平线效果，如图3-67所示。

步骤 04 按【F12】键保存网页，在打开的IE浏览器中可查看制作的旅游网站，效果如图3-68所示。

图 3-67　在网页中添加水平线效果　　　　图 3-68　查看制作的旅游网站

小　结

　　本章主要学习了创建网页常见元素的方法，首先介绍了插入图像与媒体文件等内容，包括插入 GIF 图像、JPEG 图像、PNG 图像、FLV 视频和 SWF 视频等；然后介绍了插入水平线与特殊字符的方法，接着介绍了添加与设置文本对象的操作，最后以综合案例的形式，向读者介绍了旅游网页的制作技巧，希望读者学完本章以后，可以举一反三，制作出更多专业的网页效果。

习题测试

　　鉴于本章知识的重要性，为了帮助读者更好地掌握所学知识，下面将通过上机习题，帮助读者进行简单的知识回顾和补充。

素材文件	光盘 \ 素材 \ 第 3 章 \ 课后习题 \index.html
效果文件	光盘 \ 效果 \ 第 3 章 \ 课后习题 \index.html
学习目标	掌握在网页中插入图像的操作方法

　　本习题需要掌握在网页中插入图像的操作方法，素材如图 3-69 所示，最终效果如图 3-70 所示。

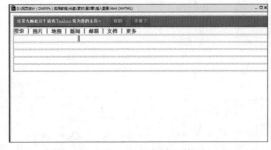

图 3-69　素材文件　　　　　　　　　　　图 3-70　效果文件

第4章

创建网页链接与
Div 对象

本章引言

　　超链接是构成网站最为重要的组成部分之一，一个完整的网站中往往包含许多链接。单击网页中的超链接，可以很方便地跳转至相应的网页，这也是 WWW 流行的一个重要原因。本章主要向读者介绍创建网页链接与 Div 对象的操作方法。

本章主要内容

- 4.1 创建常用网页链接文件
- 4.2 创建与编辑 Div 对象
- 4.3 综合案例——制作游戏网页

4.1 创建常用网页链接文件

本节主要向读者介绍创建常用网页链接的方法，主要包括创建 E-mail 链接、图像热点链接、下载文件链接、锚点链接、脚本链接以及空链接等。用户在学习这些链接的创建方法之前，应首先了解超链接的基本概念内容。

（1）绝对路径：指包括服务器规范在内的完全路径，通过使用 http:// 表示。使用绝对路径时，只要目标文档的位置不发生变化，不论源文件存放在任何位置都可以精确地找到。在链接中使用绝对路径时，只要网站的地址不变，无论文档在站点中如何移动，都可以保证正常跳转不会出错。但采用绝对路径不利于网站的测试和移植。

（2）相对路径：包含了 URL 的每一部分，而相对路径省略了当前文档和被链接文档的绝对 URL 中相同的部分，只留下不同的部分。相对路径是以当前文档所在位置为起点到被链接文档经过的路径，它是用于本地链接最合适的路径。要在 Dreamweaver 中使用相对路径，最好将文件保存到一个已经建好的本地站点根目录中。

（3）根目录相对路径：与绝对路径非常相似，只省去了绝对路径中带有协议的部分。它具有绝对路径的源端点位置无关性，又解决了绝对路径测试时的麻烦，可以在本地站点中而不是在 Internet 中进行测试。

（4）目标端点。链接指向按目标端点可分为以下 4 种：

① 内部链接：链接指向的是同一个站点的其他文档和对象的链接。

② 外部链接：链接指向的是不同站点的其他文档和对象的链接。

③ 锚点链接：链接指向的是同一个网页或不同网页中命名锚点的链接。

④ E-mail 链接：链接指向的是一个用于填写和发送电子邮件的弹出窗口的链接。

图 4-1 所示为单击相应的超链接进入的网页页面效果。

图4-1 单击链接进入相应的网页

4.1.1 链接的含义

在设置存储 Web 站点文档的 Dreamweaver 站点和创建 HTML 页面之后，需要创建文档到文档的链接。Dreamweaver 提供多种创建链接的方法，可创建到文档、图像、多媒体文件或可下载软件的链接。可以建立到文档内任意位置的任何文本或图像的链接，包括标题、列表、表、绝对定位的元素（AP元素）或框架中的文本或图像。

链接的创建与管理有几种不同的方法。有些Web设计者喜欢在工作时创建一些指向尚未建立的页面或文件的链接；而另一些设计者则倾向于首先创建所有的文件和页面，然后再添加相应的链接。

另一种管理链接的方法是创建占位符页面，在完成所有站点页面之前可在这些页面中添加和测试链接。了解从作为链接起点的文档到作为链接目标的文档或资产之间的文件路径对于创建链接至关重要。每个网页都有唯一的地址，称为统一资源定位器（URL）。不过，在创建本地链接（即从一个文档到同一站点上另一个文档的链接）时，通常不指定作为链接目标文档的完整URL，而是指定一个始于当前文档或站点根文件夹的相对路径。

网页中有以下3种类型的链接路径：

（1）绝对路径，如http://www.adobe.com/support/dreamweaver/contents.html。

（2）文档相对路径，如dreamweaver/contents.html。

（3）站点根目录相对路径，如/support/dreamweaver/contents.html。

使用Dreamweaver CS6，可以方便地选择要为链接创建的文档路径的类型。

4.1.2　创建E-mail链接

在网页中有时需要将某些电子邮件地址显示出来，如网站维护人员的电子邮件地址等，供用户非常方便地向该地址发送邮件。

素材文件	光盘\素材\第4章\4.1.2\index.html
效果文件	光盘\效果\第4章\4.1.2\index.html
视频文件	光盘\视频\第4章\4.1.2　创建E-mail链接.mp4

步骤 01 单击"文件"|"打开"命令，打开一个网页文档，如图4-2所示。

步骤 02 选择需要设置电子邮件链接的内容，如图4-3所示。

图4-2　打开一个网页文档

图4-3　选择相应内容

步骤 03 单击"插入"|"电子邮件链接"命令，如图4-4所示。

步骤 04 弹出"电子邮件链接"对话框，在"电子邮件"文本框中输入相应的邮件地址，如图4-5所示。

图4-4 单击"电子邮件链接"命令　　　　图4-5 输入相应的邮件地址

步骤 05 单击"确定"按钮，即可添加电子邮件链接，在"属性"面板中可以查看链接的地址，如图4-6所示。

步骤 06 按【F12】键保存网页，打开IE浏览器即可看到邮件链接的效果，如图4-7所示。

图 4-6 可以查看链接的地址　　　　　图 4-7 查看邮件链接的效果

4.1.3 创建图像热点链接

热点链接是指在一幅图像中定义若干个区域（称为热区），在每个区域中设定一个不同的超链接。选中插入的图像，使用图像"属性"面板中的"地图"文本框和"热点工具"按钮，为图像创建客户端映像地图，如图 4-8 所示。

图4-8 "热点工具"按钮

可以定义以下3种图像地图热点区域：

（1）单击"矩形热点工具"按钮 □：在图像上拖动，创建一个矩形热点。

（2）单击"圆形热点工具"按钮 ○：在图像上拖动，创建一个圆形热点。

（3）单击"多边形热点工具"按钮 ▽：在图像上拖动，即可创建一个不规则多边形热点。

创建完毕，单击"属性"面板中"地图"文本框下面的"指针热点工具"按钮，光标恢复到原来的状态。

	素材文件	光盘 \ 素材 \ 第 4 章 \4.1.3\index.html
	效果文件	光盘 \ 效果 \ 第 4 章 \4.1.3\index.html
	视频文件	光盘 \ 视频 \ 第 4 章 \4.1.3　创建图像热点链接 .mp4

步骤 01 单击"文件"|"打开"命令，打开一个网页文档，选择需要创建热点的图像，如图4-9所示。

步骤 02 在"属性"面板中，单击"矩形热点工具"按钮，如图4-10所示。

图 4-9 选择需要创建热点的图像 　　　　图 4-10 单击"矩形热点工具"按钮

步骤 03 将光标置于图像上，单击左键拖动鼠标绘制一个矩形热点，释放鼠标左键后，弹出提示信息框，单击"确定"按钮，即可显示矩形热点区域，如图4-11所示。

步骤 04 在"属性"面板"链接"文本框的右侧，单击"浏览文件"按钮，如图4-12所示。

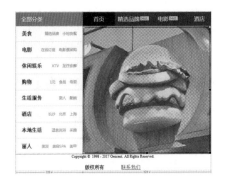

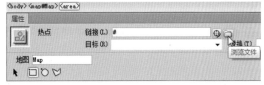

图4-11 显示矩形热点区域 　　　　　　图4-12 单击"浏览文件"按钮

步骤 05 弹出"选择文件"对话框，选择相应的链接文件，如图4-13所示。

步骤 06 单击"确定"按钮，即可添加链接，如图4-14所示。

图 4-13 选择相应的链接文件 　　　　　图 4-14 添加图片热点链接

步骤 07 按【F12】键保存网页后，打开IE浏览器，将鼠标指针移动到图片上，如图4-15所示。

步骤 08 单击创建了热点链接的图片，即可跳转到相应页面，如图4-16所示。

 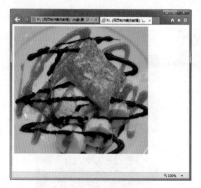

图4-15 将鼠标指针移动到图片上　　　　图4-16 跳转到相应页面

4.1.4 创建下载文件链接

如果要在网页中提供下载资料，就需要为文件提供下载链接。如果超链接指向的不是一个网页文件而是其他文件，如zip、mp3以及exe文件等，单击该链接时就会下载该文件。

素材文件	光盘 \ 素材 \ 第 4 章 \4.1.4\index.html
效果文件	光盘 \ 效果 \ 第 4 章 \4.1.4\index.html
学习目标	光盘 \ 视频 \ 第 4 章 \4.1.4　创建下载文件链接 .mp4

步骤 01 单击"文件"｜"打开"命令，打开一个网页文档，选择需要创建下载文件链接的文本，如图4-17所示。

步骤 02 打开"属性"面板，单击"链接"文本框后面的"浏览文件"按钮，如图4-18所示。

图 4-17 选择相应文本　　　　图 4-18 单击"浏览"按钮

步骤 03 弹出"选择文件"对话框，选择相应的文件，如图4-19所示。

步骤 04 单击"确定"按钮，在"属性"面板的"目标"列表框中选择_blank选项，如图4-20所示。

步骤 05 按【F12】键保存网页文档后，在打开的IE浏览器中预览网页，如图4-21所示。

步骤 06 单击"下载QQ空间客户端"超链接，在窗口下方将提示打开或保存文件，如图4-22所示，单击"保存"按钮，即可开始下载文件。

图4-19　选择相应文件

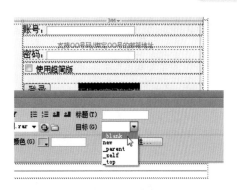

图4-20　选择"_blank"选项

图4-21　预览网页

图4-22　单击"保存"按钮

说明

　　在网页文件中，当光标移动到文本或图像上方时，光标有时会变成手形状，出现这种形状的光标，就说明当前光标所在位置的文本或图像已应用了链接。

4.1.5　创建锚点链接

　　超链接除了可以链接到一个文件外，也可以链接到网页中的任意位置，这种链接称为锚点链接。当页面中的内容较多，用户在页面的某个分项内容的小标题上设置锚点链接，即可快速跳转到自己所需的页面中。

素材文件	光盘 \ 素材 \ 第 4 章 \4.1.5\index.html
效果文件	光盘 \ 效果 \ 第 4 章 \4.1.5\index.html
视频文件	光盘 \ 视频 \ 第 4 章 \4.1.5　创建锚点链接 .mp4

步骤 01 单击"文件"|"打开"命令，打开一个网页文档，如图4-23所示。

步骤 02 在网页文档中，将鼠标的光标定位于需要插入命名锚记的位置，如图4-24所示。

步骤 03 单击"插入"|"命名锚记"命令，弹出"命名锚记"对话框，在"锚记名称"文本框中输入"maoji"，如图4-25所示。

步骤 04 单击"确定"按钮，即可在光标处插入一个命名锚记，如图4-26所示。

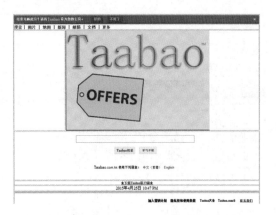

图4-23　打开一个网页文档

图4-24　定位光标的位置

图4-25　输入"maoji"

图4-26　插入一个命名锚记

步骤 05 在页面中选择要创建命名锚记的文字，然后在其"属性"面板的"链接"文本框中输入"#maoji"，如图4-27所示。

步骤 06 按【F12】键保存网页文档，在打开的IE浏览器中预览网页，单击页面中创建了锚记链接的文字，如图4-28所示。

图4-27　输入"#maoji"

图4-28　单击创建了锚记链接的文字

说明

在网上下载文件时，单击相关的下载链接后，网页会自动跳转至页面下方的下载专区，该方式就是运用了锚点链接。

步骤 07 执行操作后，即可跳转到页面中插入锚记的位置，如图4-29所示。

图4-29 跳转到页面中插入锚记的位置

4.1.6 创建脚本链接

脚本链接用于执行JavaScript代码或调用JavaScript函数。该功能非常有用，能够在不离开当前网页的情况下为浏览者提供有关某项的附加信息。脚本链接还可用于在浏览者单击特定项时，执行计算、表单验证和其他处理任务。

在网页文档中，选择需要创建脚本链接的文本，如图4-30所示。在"属性"面板的"链接"文本框中，输入"Java cript：windows.Close（）"，该脚本表示可以将窗口退出，如图4-31所示。

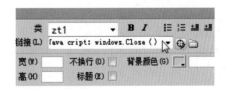

图4-30 选择需要创建脚本链接的文本　　　图4-31 输入"Java cript：windows.Close()"

按【F12】键保存网页文档后，在打开的IE浏览器中预览网页，如图4-32所示。单击"关闭网页"超链接，即可退出网页窗口，如图4-33所示。

图4-32 预览网页   图4-33 退出网页窗口

4.1.7 创建空链接

在 Dreamweaver CS6 中，空链接是未指派的链接，空链接用于向页面上的对象或文本附加行为。例如，可向空链接附加一个行为，以便在指针滑过该链接时会交换图像或显示绝对定位的元素（AP 元素）效果。

在"文档"窗口的"设计"视图中，选择文本、图像或对象，在"属性"面板中，在"链接"文本框中输入"javascript:；"（javascript 一词后依次接一个冒号和一个分号）即可，如图 4-34 所示。

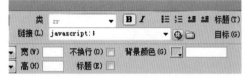

图4-34 输入 javascript:

4.2 创建与编辑 Div 对象

在网页中，Div 通常用来确定对象在浏览器中的起止位置。Div 可以包含文本、图像、表格甚至是其他的 Div，而且 Div 对于制作页面的部分更是有特殊的效果。Div 在网页的定位中使用非常广泛，但用 Div 设计的网页在不同分辨率的显示器上显示时会出现错误现象，不能准确定位，因此 Div 常配合表格、框架等技术来对网页进行设计。本节主要向读者介绍创建与编辑 Div 对象的操作方法，希望读者熟练掌握本节内容。

4.2.1 Div 的含义

网页布局是网页中比较重要的技术，使用表格、Div 标签和 AP Div 元素都可以进行网页布局。表格曾经是比较流行的布局方式，但由于其局限性，现在逐渐退居幕后，取而代之的是 Div 标签布局方式。AP Div 主要用于实现一些特殊效果。图 4-35 所示为 Dreamweaver CS6 中创建的 Div 标签及 AP Div 标签。

Div 是网页布局中一个非常重要的对象，Div 标签与 AP Div 严格意义上说是相同的对象，即

图4-35 建的 Div 标签及 AP Div 标签

都是 <div> 标签，但由于采用了不同的 CSS 样式定义，两者在外观及属性上有不同的表现。

> **说明**
>
> 　　Div 和 AP Div 是可以进行相互转换的，但由于 AP Div 比较特殊，Div 与 AP Div 的使用方法有所区别。AP Div 是灵活性最大的网页元素，具有可移动性，可以在设计中的文档上任意移动，也可以在任意位置创建，可重叠或设置是否显示，因此在网页中常用 AP Div 来实现一些特殊的功能，如制作弹出菜单和浮标图像等。

4.2.2　创建 Div 标签

Div 标签是用来定义网页内容中的逻辑区域的标签，可以通过手动插入 Div 标签并对它们应用 CSS 定位样式来创建页面布局。

素材文件	光盘 \ 素材 \ 第 4 章 \4.2.2\index.html
效果文件	光盘 \ 效果 \ 第 4 章 \4.2.2\index.html
视频文件	光盘 \ 视频 \ 第 4 章 \4.2.2　创建 Div 标签 .mp4

步骤 01 单击"文件"|"打开"命令，打开一个网页文档，将光标定位到要插入Div标签的相应位置，如图4-36所示。

步骤 02 单击"插入"|"布局对象"|"Div 标签"命令，如图4-37所示。

图4-36　定位光标的位置　　　　图4-37　单击"Div 标签"命令

步骤 03 弹出"插入Div标签"对话框，如图4-38所示。

步骤 04 单击"确定"按钮，即可在网页编辑窗口的相应位置处插入一个Div标签，如图4-39所示。

图4-38　"插入Div标签"对话框　　　　图4-39　插入一个Div标签

步骤 **05** 在新插入的"Div标签"中输入相应的内容，按【F12】键保存后，在弹出的IE浏览器中可以查看网页效果，如图4-40所示。

4.2.3 创建 AP Div 标签

Dreamweaver 可在页面上轻松地创建和定位 AP Div，还可以创建嵌套的 AP Div。下面介绍创建嵌套 AP Div 的操作方法。

图4-40 在IE浏览器中查看网页效果

	素材文件	光盘\素材\第4章\4.2.3\index.html
	效果文件	光盘\效果\第4章\4.2.3\index.html
	视频文件	光盘\视频\第4章\4.2.3 创建 AP Div 标签 .mp4

步骤 **01** 单击"文件"｜"打开"命令，打开一个网页文档，如图4-41所示。

步骤 **02** 单击"插入"｜"布局对象"｜"AP Div"命令，如图4-42所示。

图 4-41 打开一个网页文档　　　　图 4-42 单击"AP Div"命令

步骤 **03** 执行上述操作后，即可在相应位置插入一个 AP Div，如图4-43所示。

步骤 **04** 将光标定位于AP Div标签内，在其中插入一个素材图片，并将其拖动到合适的位置处，如图4-44所示。

图 4-43 插入一个 AP Div　　　　图 4-44 拖动到合适的位置

步骤 **05** 按【F12】键保存网页后，即可在弹出的IE浏览器中查看制作的网页AP Div效果，如图4-45所示。

图4-45 查看网页效果

> **说明**
>
> AP元素（绝对定位元素）是分配有绝对位置的HTML页面元素，具体而言就是Div标签或其他任何标签。AP元素可以包含文本、图像或其他任何可放置到HTML文档正文中的内容。通过Dreamweaver CS6，用户可以使用AP元素来设计页面的布局。可以将AP元素放置到其他AP元素的前后，隐藏某些AP元素而显示其他AP元素，以及在屏幕上移动AP元素。用户也可以在一个AP元素中放置背景图像，然后在该AP元素的前面放置另一个包含带有透明背景的文本的AP元素。
>
> AP元素通常是绝对定位的Div标签，它们是Dreamweaver默认插入的AP元素类型。可以将任何HTML元素作为AP元素进行分类，方法是为其分配一个绝对位置。另外，所有AP元素都将在"AP元素"面板中显示。
>
> 当插入AP Div时，Dreamweaver默认情况下将在"设计"视图中显示AP Div的外框，且将指针移动到块上面时还会高亮显示该块。可以通过"查看"｜"可视化助理"｜"AP元素外框"和"CSS布局外框"命令，禁用显示AP Div（或任何AP元素）外框的可视化助理。

4.2.4 互换AP Div与表格

可以在AP元素和表格之间来回转换，以调整布局并优化网页设计（将表格转换回AP元素时，Dreamweaver会将此表格转换回AP Div，此操作与对表格进行转换之前页面上可能已具有的AP元素的类型无关）。不能转换页面上的特定表格或AP元素，必须将整个页面上的AP元素转换为表格或将表格转换为AP Div。在模板文档或已应用模板的文档中，不能将AP元素转换为表格或将表格转换为AP Div。相反，应该在非模板文档中创建布局，然后在将该文档另存为模板之前进行转换。

可以使用AP元素创建布局，然后将AP元素转换为表格，以使布局可以在早期的浏览器中进行查看。在转换为表格之前，应确保AP元素没有重叠，还要确保位于标准模式中。

1. 将AP Div转换为表格

选择相应的AP Div，单击"修改"｜"转换"｜"将AP Div转换为表格"命令，弹出"将AP Div转换为表格"对话框，如图4-46所示。单击"确定"按钮，即可将AP Div转换为表格，如图4-47所示。

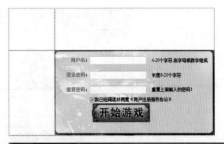

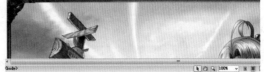

图 4-46 "将 AP Div 转换为表格"对话框   图 4-47 将 AP Div 转换为表格

说明

可在"将 AP Div 转换为表格"对话框中设置以下选项：

（1）"最精确"：为每个 AP 元素创建一个单元格以及保留 AP 元素之间的空间所必需的附加单元格。

（2）"最小：合并空白单元"：若 AP 元素位于指定的像素数内，则应对齐 AP 元素的边缘。如果选中该单选按钮，结果表将包含较少的空行和空列，但可能不与布局精确匹配。

（3）"使用透明 GIFs"：使用透明的 GIF 填充表格的最后一行。

（4）"置于页面中央"：将结果表放置在页面的中央。

2．将表格转换为 AP Div

选择相应的表格，单击"修改"|"转换"|"将表格转换为 AP Div"命令，弹出"将表格转换为 AP Div"对话框，如图 4-48 所示。

单击"确定"按钮，所选表格即可转换为 AP Div。空白单元将不会转换为 AP 元素，除非它们具有背景颜色，位于表格外的页面元素也会放入 AP Div 中。

图4-48 "将表格转换为AP Div"对话框

说明

可在"将表格转换为 AP Div"对话框中设置以下选项：

（1）防止重叠：在创建、移动和调整 AP 元素大小时约束 AP 元素的位置，使 AP 元素不会重叠。

（2）显示 AP 元素面板：选中该复选框后，即可显示"AP 元素"面板。

（3）显示网格和靠齐到网格：选中这两个复选框后，可使用网格来帮助定位 AP 元素。

可以在 AP 元素和表格之间来回转换，以调整布局并优化网页设计。单击"修改"|"转换"|"将表格转换为 AP Div"命令，在弹出的"将表格转换为 AP Div"对话框中进行相应设置，即可将表格转换为 AP Div。

4.3 综合案例——制作游戏网页

下面以制作游戏网页效果为例，进行网页的编辑与设计操作，例如在网页中制作文本链接、制作游戏图像热点，并制作软件下载链接等内容，希望读者熟练掌握。

4.3.1 制作网页文本链接

超文本链接其实就是超链接，是指用文字链接的形式来指向一个页面。建立互相链接的这些对象不受空间位置的限制，它们可以在同一个文件内也可以在不同的文件之间，也可以通过网络与世界上的任何一台连网计算机上的文件建立链接关系。

	素材文件	光盘 \ 素材 \ 第 4 章 \4.3.1\index.html
	效果文件	光盘 \ 效果 \ 第 4 章 \4.3.1\index.html
	视频文件	光盘 \ 视频 \ 第 4 章 \4.3.1　制作网页文本链接 .mp4

步骤 **01** 单击"文件"|"打开"命令，打开一个网页文档，选择需要设置链接的文本，如图4-49所示。

步骤 **02** 在"属性"面板的"链接"文本框中，设置文本链接地址，如图4-50所示。

图 4-49　选择需要设置链接的文本　　　　图 4-50　设置文本链接地址

步骤 **03** 执行操作后，即可为文本添加链接，效果如图4-51所示。

步骤 **04** 按【F12】键保存网页后，在打开的IE浏览器中，可以单击创建的文本链接，此时鼠标指针呈手形效果，如图4-52所示。

图 4-51　为文本添加链接　　　　　　　图 4-52　鼠标指针呈手形效果

4.3.2　制作游戏图像热点

在游戏图像上创建热点链接，可以将图片链接到另外一张图片的效果。

素材文件	光盘 \ 素材 \ 第 4 章 \4.3.2\index.html
效果文件	光盘 \ 效果 \ 第 4 章 \4.3.2\index.html
视频文件	光盘 \ 视频 \ 第 4 章 \4.3.2　制作游戏图像热点 .mp4

步骤 01 在4.3.1节的基础上，选择需要创建热点的图像，如图4-53所示。

步骤 02 在"属性"面板中，单击"矩形热点工具"按钮□，如图4-54所示。

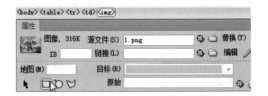

图4-53　选择需要创建热点的图像　　　　图4-54　单击"矩形热点工具"按钮

步骤 03 将光标置于图像上，单击左键拖动鼠标绘制一个矩形热点，释放鼠标左键后，弹出提示信息框，单击"确定"按钮，即可显示矩形热点区域，如图4-55所示。

步骤 04 在"属性"面板"链接"文本框的右侧，单击"浏览文件"按钮，弹出"选择文件"对话框，选择相应的链接文件，如图4-56所示。

图4-55　显示矩形热点区域　　　　　　　图4-56　"选择文件"对话框

步骤 05 单击"确定"按钮，即可添加链接，按【F12】键保存网页后，打开IE浏览器，将鼠标指针移动到图片上，如图4-57所示。

步骤 06 单击创建了热点链接的图片，即可跳转到相应页面，如图4-58所示。

图4-57　将鼠标指针移动到图片上　　　　　　　图4-58　跳转到相应页面

4.3.3　下载游戏软件客户端

在 Dreamweaver CS6 中创建下载文件链接，可以让用户下载游戏软件的客户端。

	素材文件	光盘 \ 素材 \ 第 4 章 \4.3.3\index.html
	效果文件	光盘 \ 效果 \ 第 4 章 \4.3.3\index.html
	视频文件	光盘 \ 视频 \ 第 4 章 \4.3.3　下载游戏软件客户端 .mp4

步骤 01 在4.3.2节的基础上，选择需要创建下载文件链接的文本，如图4-59所示。

步骤 02 打开"属性"面板，单击"链接"文本框后面的"浏览文件"按钮 ，弹出"选择文件"对话框，选择相应的文件，如图4-60所示。

图4-59　选择相应文本　　　　　　　　　　图4-60　选择相应文件

步骤 03 单击"确定"按钮，在"属性"面板的"目标"列表框中选择"_blank"选项，如图4-61所示。

图4-61　选择"_blank"选项

步骤 04 按【F12】键保存网页文档后，在打开的IE浏览器中预览网页，如图4-62所示。

步骤 ⑤ 单击"下载游戏应用软件"超链接，在窗口下方将提示打开或保存文件，单击"保存"按钮，如图4-63所示，即可开始下载文件。

图4-62　预览网页

图4-63　单击"保存"按钮

小　　结

本章主要学习了创建网页链接与Div对象的操作方法，首先介绍了创建常用网页链接文件，主要包括创建E-mail链接、图像热点链接、下载文件链接、锚点链接、脚本链接以及空链接等内容，然后介绍了创建与编辑Div对象的方法，最后以综合案例的形式，向读者介绍了游戏网页的制作技巧，希望读者学完本章以后，可以举一反三，制作出更多具有吸引力的网页效果。

习 题 测 试

鉴于本章知识的重要性，为了帮助读者更好地掌握所学知识，下面将通过上机习题，帮助读者进行简单的知识回顾和补充。

	素材文件	光盘 \ 素材 \ 第 4 章 \ 课后习题 \index.html
	效果文件	光盘 \ 效果 \ 第 4 章 \ 课后习题 \index.html
	学习目标	掌握在网页中创建 Div 标签的方法

本习题需要掌握在网页中创建 Div 标签的方法，素材如图 4-64 所示，最终效果如图 4-65 所示。

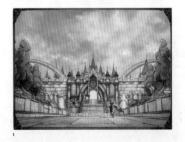

图4-64　素材文件

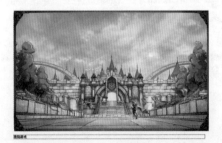

图4-65　效果文件

第5章

运用表格与
表单进行布局

 本章引言

    网页的布局设计是网页设计制作的第一步工作，也是网页吸引浏览者的重要因素。表格布局设计是网页设计及制作过程中的一项重要工作，涉及网页在浏览器中所显示的外观，它往往决定着网页设计的成败，用户必须熟练掌握本章的内容以及表格与表单的创建方法。

本章主要内容

- 5.1 创建与选取表格
- 5.2 调整与编辑表格对象
- 5.3 创建网页中的常用表单
- 5.4 综合案例——制作密码网页

5.1　创建与选取表格

　　表格是网页中非常重要的元素之一，使用表格不仅可以制作一般意义上的表格，还可以用于布局网页、设计页面分栏以及对文本或图像等元素进行定位等。对于文本、图片等网页元素的位置为了可以以像素的方式控制，只有通过表格和层来实现，其中表格是最普遍和最好的一种以像素方式控制的方法。表格之所以应用较多，是因为表格可以实现网页元素的精确排版和定位，如图5-1所示。

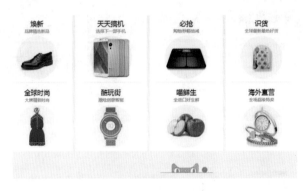

图5-1　用表格布局的网页

5.1.1　创建表格

　　利用表格布局页面，可以在其中导入表格化数据、设计页面分栏以及定位页面上的文本和图像等。在"文档"窗口的"设计"视图中，将插入点放在需要表格出现的位置（如果文档是空白的，则只能将插入点放置在文档的开头），然后单击"插入"|"表格"命令，弹出"表格"对话框，如图5-2所示。设置表格参数后单击"确定"按钮，创建的表格如图5-3所示。

图5-2　"表格"对话框

图5-3　创建的表格对象

　　"表格"对话框中属性选项的含义如下：

　　（1）行数：用于确定表格行的数目。

　　（2）边框粗细：用于指定表格边框的宽度（以像素为单位）。

（3）单元格间距：用于决定相邻的表格单元格之间的像素数。

（4）列：用于确定表格列的数目。

（5）表格宽度：用于以像素为单位或按占浏览器窗口宽度的百分比指定表格的宽度。

（6）单元格边距：用于确定单元格边框与单元格内容之间的像素数。

（7）对齐标题：用于指定表格标题相对于表格的显示位置，包括4个部分。"无"的对齐方式用于对表格不启用列或行标题；"左"对齐方式可以将表格的第一列作为标题列，以便可为表格中的每一行输入一个标题；"顶部"对齐方式可以将表格的第一行作为标题行，以便可为表格中的每一列输入一个标题；"两者"兼有的对齐方式能够在表格中输入列标题和行标题。

（8）标题：用于提供一个显示在表格外的表格标题。

（9）摘要：给出了表格的说明。屏幕阅读器可以读取摘要文本，但是该文本不会显示在用户的浏览器中。

说明

在 Dreamweaver CS6 界面中，还可以通过以下两种方法创建网页文档：

（1）快捷键：按【Ctrl+N】组合键，可以弹出"新建文档"对话框。

（2）按钮：在 Dreamweaver CS6 启动界面中，单击 HTML 按钮，可以直接创建文档。

5.1.2 选取表格

对表格进行操作之前须先选择表格，用户既可选择整个表格，也可只选择某行或某列，甚至某个单元格。选择表格有以下6种方法：

（1）将鼠标指针移到表格内部的边框上，当鼠标指针变为 ↕ 或 ↔ 形状时单击即可，如图5-4所示。

（2）将鼠标指针移到表格的外边框线上，当鼠标指针变为 形状时单击即可，如图5-5所示。

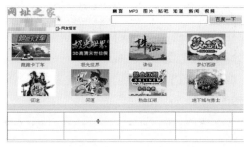

图5-4　选取表格

图5-5　选取表格

（3）将光标插入点定位到表格的任一单元格中，单击窗口左下角标签选择器中的<table>标签即可，如图5-6所示。

（4）单击某个表格单元格，然后依次单击"修改"|"表格"|"选择表格"命令，如图5-7所示。

图5-6 选择整个表格　　　　　　　　　　图5-7 单击"选择表格"命令

（5）在代码视图下，找到表格代码区域，拖选整个表格代码区域（<table>和</able>
标签之间的代码区域），如图5-8所示。

（6）在单元格边框上右击，在弹出的快捷菜单中选择"表格"|"选择表格"命令，选取整
个表格，如图5-9所示。

图5-8 选择表格代码区域　　　　　　　　图5-9 选择"选择表格"命令

> **说明**
>
> 　　关于表格宽度的设定，一般来说，大表格往往采用绝对尺寸，表格中所嵌套的表格采用
> 相对尺寸，这样定位出来的网页才不会因显示器分辨率的差异而引起混乱。
> 　　利用表格工具，可以通过绘制并重新安排页面结构来快速地设计页面。如果希望同时在
> 浏览器中显示多个元素，可以使用框架来设计文档的布局。

5.1.3　选取行或列

在 Dreamweaver CS6 中，用户可以通过单击和标签选择整行单元格。

将鼠标指针移到需要选择行的左侧，当鼠标指针变为 ➡ 形状且该行的边框线变为红色时，
如图 5-10 所示，单击即可选择该行，如图 5-11 所示。

图5-10 边框线变为红色　　　　　　　图5-11 选择该行

将鼠标指针移到需要选择列的上端，当鼠标指针变为 形状且该列的边框线变为红色时，如图 5-12 所示，单击即可选择该列，如图 5-13 所示。

图5-12 边框线变为红色　　　　　　　图5-13 选择该列

> **说明**
>
> 　　为了使创建的表格更加美观、醒目，需要对表格的属性进行设置，如表格的颜色或单元格的背景图像、颜色等进行设置。要设置整个表格的属性，首先要选定整个表格，然后利用"属性"面板指定表格的属性。

5.1.4　选取单元格

选择单元格有3种方式选择单个单元格、选择相邻的多个单元格和选择不相邻的多个单元格。选择单个单元格的方法非常简单，将鼠标指针移动到需要选择的单元格中并单击，如图 5-14 所示；再单击窗口左下角标签选择器中的 <td> 标签即可选择该单元格，如图 5-15 所示。

图5-14 单击相应单元格　　　　　　　图5-15 选择该单元格

将鼠标指针移动到一个单元格中，单击并拖动，当到达需要的单元格时释放鼠标，即可选择以这两个单元格为对角线的矩形区域中的所有单元格，如图5-16所示。按住【Ctrl】键的同时单击要选择的单元格，即可选择不相邻的多个单元格，如图5-17所示。

图5-16　选择相邻的多个单元格	图5-17　选择不相邻的多个单元格

5.2　调整与编辑表格对象

在网页中，表格用于网页内容的排版，若要将文字放在页面的某个位置，可以使用表格并将其设置为表格的属性。使用表格可以清晰地显示列表数据，从而更容易阅读信息。表格是由表行、表列以及单元格构成的，因此选择不同的元素，其属性设置的作用域是不一样的。本节主要介绍调整表格高度和宽度、添加或删除行或列、拆分单元格以及剪切、复制和粘贴单元格等常用操作。

5.2.1　调整表格高度和宽度

表格的高度和宽度是指表格的大小，可以调整整个表格或每个行或列的大小。当调整整个表格的大小时，表格中的所有单元格按比例更改大小。如果表格的单元格指定了明确的宽度或高度，则调整表格大小将更改"文档"窗口中单元格的可视大小，但不更改这些单元格的指定宽度和高度。

将鼠标光标移动到相应的列边框上，单击选定该列，此时光标变为一个 ⊩ 形状，如图5-18所示。单击并向右拖动，至适当位置后释放鼠标左键，即可调整相应单元格的宽度，如图5-19所示。

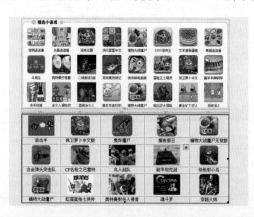

图5-18　选定该列	图5-19　调整相应单元格的宽度

将光标移动到相应的行边框上，单击选定该行，此时光标变为一个 ⇕ 形状，如图 5-20 所示。单击并向下拖动，至适当位置后释放鼠标，即可调整相应行的高度，如图 5-21 所示。

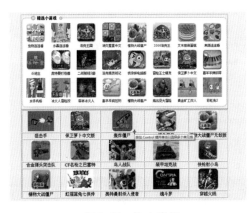

图5-20　选定该行

图5-21　调整相应行的高度

5.2.2　添加或删除行或列

在制作网页时，经常会出现插入表格的行太多的情况，这时就需要对表格进行删除行和删除列的操作。

在表格中选择需要删除的行，右击，在弹出的快捷菜单中选择"表格"│"删除行"命令，如图 5-22 所示，即可删除所选择的行。在表格中选择需要删除的列，单击"修改"│"表格"│"删除列"命令，如图 5-23 所示，即可删除所选择的列。

图5-22　单击"删除行"命令

图5-23　单击"删除列"命令

5.2.3　单元格的拆分与合并

当需要对某个单元格进行拆分时，可将单元格拆分成几行或几列，将光标插入点定位到要拆分的单元格中，单击"修改"│"表格"│"拆分单元格"命令，如图 5-24 所示；弹出"拆分单元格"对话框，设定拆分的行数与列数即可，如图 5-25 所示，单击"确定"按钮，即可拆分单元格。

图5-24 单击"拆分单元格"命令　　　　　图5-25 "拆分单元格"对话框

说明

单元格是表格中行与列的交叉部分，它是组成表格的最小单位，单个数据的输入和修改都是在单元格中进行的。将光标定位于要拆分的单元格中，右击，在弹出的快捷菜单中选择"表格"|"拆分单元格"命令，也可以"拆分单元格"对话框。

表格可以实现网页的精确排版和定位，单元格中的内容和边框之间的距离称为边距；单元格和单元格之间的距离称为间距；整张表格的边缘称为边框。

合并单元格只能对相邻的多个单元格进行合并操作，首先选择相邻的单元格区域，单击"修改"|"表格"|"合并单元格"命令，如图5-26所示，或者单击"属性"面板左下角的"合并所选单元格"按钮，如图5-27所示，即可合并所选的单元格。

图5-26 单击"合并单元格"命令　　　　　图5-27 单击"合并单元格"按钮

5.2.4　单元格的剪切、复制和粘贴

在 Dreamweaver CS6 中，用户可以一次剪切、复制、粘贴或删除单个单元格或多个单元格，并保留单元格的格式，也可以在插入点粘贴单元格或通过粘贴替换现有表格中的所选部分。

	素材文件	光盘 \ 素材 \ 第 5 章 \5.2.4\index.html
	效果文件	光盘 \ 效果 \ 第 5 章 \5.2.4\index.html
	视频文件	光盘 \ 视频 \ 第 5 章 \5.2.4　单元格的剪切、复制和粘贴 .mp4

步骤 01 单击"文件"|"打开"命令，打开一个网页文档，选择需要剪切的单元格，如图5-28所示。

步骤 02 单击"编辑"|"剪切"命令，即可剪切该单元格，如图5-29所示。

图5-28 选择需要剪切的单元格　　　　　　图5-29 剪切该单元格

步骤 03 选中需要复制的单元格，如图5-30所示。

步骤 04 单击"编辑"|"拷贝"命令，如图5-31所示。

图5-30 选中需要复制的单元格　　　　　　图5-31 单击"拷贝"命令

步骤 05 将光标定位于所选单元格的上一行，单击"编辑"|"粘贴"命令，如图5-32所示。

步骤 06 即可粘贴所复制的单元格，效果如图5-33所示。

图5-32 单击"粘贴"命令　　　　　　图5-33 粘贴所复制的单元格

5.3   创建网页中的常用表单

在网页中要实现交互，首先需要获得用户的意愿并收集相关的资料，然后才能根据收集到的资料进行相应的处理，并将处理结果返回给用户。通常通过表单页面来实现用户资料的收集，表单页面中列举了许多项目，允许用户进行选择或输入相应的内容。在 Dreamweaver 中，表单输入类型称为表单对象，表单对象是允许读者输入数据的机制。本节将详细讲解创建网页中的常用表单的操作方法，希望读者熟练掌握。

5.3.1   创建表单对象

通过表单，服务器可以收集用户的姓名、年龄等信息，表单是客户端与程序设计的纽带。虽然表单本身不能把信息传回服务器，但它可以通过其他动态语言，如 ASP、PHP、JSP 将表单信息处理后传回服务器。图 5−34 所示为表单页面。

图5−34   表单页面

	素材文件	光盘 \ 素材 \ 第 5 章 \5.3.1\index.html
	效果文件	光盘 \ 效果 \ 第 5 章 \5.3.1\index.html
	视频文件	光盘 \ 视频 \ 第 5 章 \5.3.1 创建表单 .mp4

步骤 01 单击"文件"｜"打开"命令，打开一个网页文档，如图5−35所示。

步骤 02 在网页文档中，将光标定位到需要插入表单的位置，如图5−36所示。

图5−35   打开一个网页文档   图5−36   定位需要插入表单的位置

步骤 03 单击"插入"|"表单"|"表单"命令，如图5-37所示。

步骤 04 执行操作后，即可在文档窗口中创建表单，如图5-38所示。

图5-37　单击"表单"命令　　　　　　　图5-38　创建表单对象

5.3.2　创建文本与密码对象

"文本"可接受任何类型的字母、数字等文本输入内容，文本可以单行或多行显示，也可以以密码域的方式显示，在这种情况下，输入文本将被替换为星号或项目符号，以避免旁观者看到这些文本。

将光标定位到网页中相应的位置，单击"插入"|"表单"|"文本域"命令，如图5-39所示，弹出"输入标签辅助功能属性"对话框，设置"标签"为"账号"，单击"确定"按钮，即可在相应位置处插入一个文本域，如图5-40所示。

图5-39　单击"文本域"命令　　　　　　图5-40　创建文本域对象

单击"插入"|"表单"|"Spry 验证密码"命令，如图5-41所示，弹出"输入标签辅助功能属性"对话框，设置"标签"为"密码"，单击"确定"按钮，即可在相应位置处插入一个密码对象，如图5-42所示。

图5-41　单击"Spry验证密码"命　　　　　　　图5-42　创建密码对象

5.3.3　创建按钮对象

在表单中填写完信息后，需要将这些信息交给另一个页面处理，此时将用到按钮。在网页文档中，将光标定位到要插入按钮对象的位置，单击"插入"|"表单"|"按钮"命令，如图 5-43 所示。弹出"输入标签辅助功能属性"对话框，单击"取消"按钮，即可在文档窗口中创建"提交"按钮表单对象，如图 5-44 所示。

图5-43　单击"按钮"命令　　　　　　　　图5-44　创建"提交"按钮对象

5.3.4　创建图像按钮对象

Dreamweaver CS6 中自带的按钮样式比较简单，若想使网页中的按钮更美观，可通过添加"图像域"的方法，将自制的按钮图像添加到网页中。

将光标定位到需要插入图像按钮的位置，单击"插入"|"表单"|"图像域"命令，如图 5-45 所示。弹出"选择图像源文件"对话框，选择相应的图像按钮文件，如图 5-46 所示。

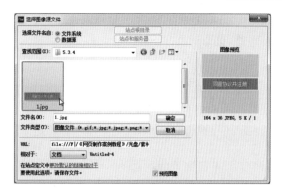

<table>
<tr><td>图5-45 单击"图像域"命令</td><td>图5-46 选择图像按钮文件</td></tr>
</table>

单击"确定"按钮，即可在网页中插入图像按钮，如图 5-47 所示。

图5-47 在网页中插入图像按钮对象

5.3.5 创建列表 / 菜单对象

列表/菜单可为浏览者提供预定的选项，如月份、日期和性别等都可以使用菜单实现，浏览者只能选择其中的一项，如图 5-48 所示。如果允许用户进行多项选择，则可以通过列表来实现，列表和菜单可以相互切换，在"属性"面板中选择类型即可。

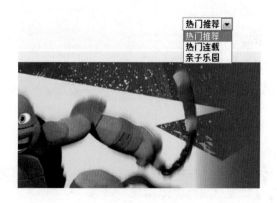

图5-48 网页中的菜单

在 Dreamweaver CS6 中，也可以通过"表单"|"选择（列表／菜单）"命令，在网页中快速插入列表／菜单对象。

5.3.6 创建单选按钮对象

在某些项目中有若干个选项，其标志是前面有一个圆环，选中某个选项时，出现一个小实心圆点表示该项被选中，如图 5-49 所示，即是单选按钮。

图5-49 网页中的单选按钮

在 Dreamweaver CS6 中，也可以通过"表单"|"单选按钮"命令，在网页中快速插入单选按钮对象。

5.3.7 创建复选框对象

复选框（check box）是一种可同时选中多项的基础控件，如图 5-50 所示。在 Dreamweaver CS6 中，也可以通过"表单"|"复选框"命令，如图 5-51 所示，在网页中快速插入复选框对象。

图5-50 网页中的复选框

图5-51 单击"复选框"命令

5.4 综合案例——制作密码网页

下面以制作密码管理网页效果为例，进行网页的编辑与设计操作，如在网页中创建表格、制作密码网页图像以及创建图像按钮表单等内容,希望读者熟练掌握。

5.4.1 在网页中创建表格

表格是网页中经常用来排版的工具,下面向读者介绍在网页中创建表格的操作方法。

素材文件	无
效果文件	光盘 \ 效果 \ 第 5 章 \5.4.1\index.html
视频文件	光盘 \ 视频 \ 第 5 章 \5.4.1 在网页中创建表格 .mp4

步骤 01 单击"插入"|"表格"命令,如图5-52所示。

步骤 02 弹出"表格"对话框,设置"行数"为4、"列"为1、"边框粗细"为0,如图5-53所示。

图5-52 单击"表格"命令   图5-53 设置表格参数

步骤 03 单击"确定"按钮,即可在网页文档中的光标位置插入表格,效果如图5-54所示。

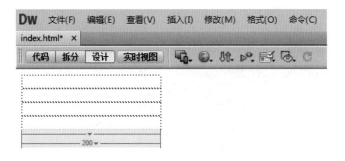

图5-54 在网页中插入表格

5.4.2 制作网页密码图像

在网页文档中创建表格后,可以在表格中插入图片,使排版更加整齐,下面向读者介绍制作密码网页图像的操作方法。

素材文件	光盘 \ 素材 \ 第 5 章 \5.4.2\index.html
效果文件	光盘 \ 效果 \ 第 5 章 \5.4.2\index.html
视频文件	光盘 \ 视频 \ 第 5 章 \5.4.2　制作网页密码图像 .mp4

步骤 01 将光标定位于表格中，单击"插入"|"图像"命令，如图5-55所示。

步骤 02 弹出"选择图像源文件"对话框，选择需要插入的图像素材，如图5-56所示。

图5-55　单击"图像"命令　　　　　图5-56　选择需要插入的图像素材

步骤 03 单击"确定"按钮，弹出"输入标签辅助功能属性"对话框，单击"取消"按钮，即可在表格中插入图像，如图5-57所示。

步骤 04 用同样的方法，在表格中的其他位置添加图像素材，并设置图像为居中对齐，效果如图5-58所示。

图5-57　在表格中插入图像　　　　　图5-58　在其他位置添加图像素材

5.4.3　创建图像按钮表单

在 Dreamweaver CS6 中，还可以在表格中插入表单对象。下面向读者介绍创建图像按钮表单的操作方法。

素材文件	光盘 \ 素材 \ 第 5 章 \5.4.3\index.html
效果文件	光盘 \ 效果 \ 第 5 章 \5.4.3\index.html
视频文件	光盘 \ 视频 \ 第 5 章 \5.4.3 创建图像按钮表单 .mp4

步骤 01 在网页文档中，将光标定位于需要创建图像按钮的位置，如图5-59所示。

步骤 02 单击"插入"｜"表单"｜"图像域"命令，弹出"选择图像源文件"对话框，选择需要插入的图像按钮，如图5-60所示。

图5-59   定位光标的位置

图5-60   选择需要插入的图像按钮

步骤 03 单击"确定"按钮，即可在网页文档中插入图像按钮，如图5-61所示。

步骤 04 按【F12】键保存网页后，即可在打开的IE浏览器中看到制作的密码网页，效果如图5-62所示。

图5-61   插入的图像按钮表单

图5-62   制作的密码网页效果

小   结

本章主要学习了运用表格与表单进行网页布局的操作方法，首先介绍了创建与选取表格的方法、调整与编辑表格对象的方法，然后介绍了在网页中创建表单的方法，最后以综合案例的形式，向读者介绍了密码修改类网页的制作技巧，希望读者熟练掌握本章内容。

习 题 测 试

鉴于本章知识的重要性，为了帮助读者更好地掌握所学知识，下面将通过上机习题，帮助读者进行简单的知识回顾和补充。

	素材文件	光盘 \ 素材 \ 第 5 章 \ 课后习题 \index.html
	效果文件	光盘 \ 效果 \ 第 5 章 \ 课后习题 \index.html
	学习目标	掌握在网页中拆分单元格的方法

本习题需要掌握在网页中拆分单元格的操作方法，素材如图 5-63 所示，最终效果如图 5-64 所示。

图5-63　素材文件

图5-64　效果文件.

第6章

运用 CSS 样式
制作网页特效

本章引言

在网站设计中，使用 CSS 样式可以控制网页中的字体、边框、颜色与背景等属性，使用 CSS 样式定义的网页，只需修改 CSS 样式即可改变网页元素。使用 CSS 样式可以精确地制定并美化网页文本，其定制的样式不仅可应用于一篇文档中，也可同时控制多个文档的格式。本章主要介绍运用 CSS 样式制作网页特效的操作方法。

本章主要内容

- 6.1 CSS 概述
- 6.2 管理 CSS 样式表
- 6.3 设置 CSS 属性参数
- 6.4 综合案例——制作美食网页

6.1 CSS 概 述

运用 CSS 样式可以对网页中的文本进行精确的格式化控制。本节主要向读者介绍了解 CSS 基本概念等内容。

6.1.1 CSS 的概念

CSS（层叠样式表）是一组格式设置规则，用于控制网页内容的外观。通过使用 CSS 样式设置页面的格式，可将页面的内容与表示形式分离开。图 6-1 所示为使用 CSS 制作的 2 种不同的字体效果，从中可以了解 CSS 在网页中的基本功能。

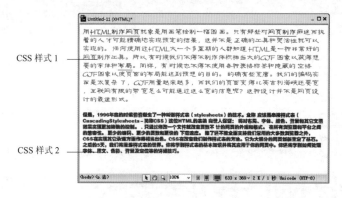

图6-1 使用CSS制作的字体效果

> **说明**
>
> 　　页面内容（即 HTML 代码）存放在 HTML 文件中，用于定义代码表示形式的 CSS 规则存放在另一个文件（外部样式表）或 HTML 文档的另一部分（通常为文件头部分）中。将内容与表示形式分离可使得从一个位置集中维护站点的外观变得更加容易，因为进行更改时无须对每个页面上的每个属性都进行更新。将内容与表示形式分离还可以得到更加简练的 HTML 代码，这样将缩短浏览器加载时间，并可简化导航过程。
>
> 　　使用 CSS 还可以控制许多文本属性，包括特定字体和字大小、粗体、斜体、下画线、文本阴影、文本颜色和背景颜色、链接颜色和链接下画线等。通过使用 CSS 控制字体，还可以确保在多个浏览器中以更一致的方式处理页面布局和外观。

在 Dreamweaver CS6 中，可以定义以下 CSS 样式类型：

（1）类样式：可将样式属性应用于页面上的任何元素。

（2）HTML 标签样式：用于重新定义特定标签（如 h1）的格式。

（3）高级样式：重新定义特定元素组合的格式，或其他 CSS 允许的选择器表单的格式。

（4）位置：可以定义 CSS 规则的保存位置。

（5）外部 CSS 样式表：存储在一个单独的外部 CSS（.css）文件（而非 HTML 文件）

中的若干组 CSS 规则。链入外部样式表是把 CSS 保存为一个样式表文件，然后在页面中用 <link> 标记链接到这个样式表文件，这个标记必须放到 <head> 区内，如图 6-2 所示。

（6）内部（或嵌入式）CSS 样式表：样式表若干组包括在 HTML 文档头部分的 style 标签中的 CSS 规则。内部样式表是把样式表放到页面的 <head> 区中，这些定义的样式就会应用到页面中，样式表是用 <style> 标记插入的，如图 6-3 所示，可以看出 <style> 标记的用法。

```
1  <!DOCTYPE html PUBLIC "-//W3C//DTD XHTML 1.0
   Transitional//EN"
   "http://www.w3.org/TR/xhtml1/DTD/xhtml1-transitional.d
   td">
2  <html xmlns="http://www.w3.org/1999/xhtml">
3  <head>
4  <meta http-equiv="Content-Type" content="text/html;
   charset=utf-8" />
5  <title>CSS样式表</title>
6  <link href="file:///D|/新建文件夹/新建文件夹 (3)/外部
   CSS.css" rel="stylesheet" type="text/css" />
7  </head>
8
9  <body>
10 CSS样式表
11 </body>
12 </html>
13
```

图6-2　使用外部CSS样式表

```
1  <!DOCTYPE html PUBLIC "-//W3C//DTD XHTML 1.0 Transitional//EN"
   "http://www.w3.org/TR/xhtml1/DTD/xhtml1-transitional.dtd">
2  <html xmlns="http://www.w3.org/1999/xhtml">
3  <head>
4  <meta http-equiv="Content-Type" content="text/html;
   charset=utf-8" />
5  <title>CSS样式表</title>
6  <style type="text/css">
7  .内部CSS {
8      font-family: "方正大黑简体";
9      font-size: 18px;
10     color: #F00;
11 }
12 </style>
13 </head>
14
15 <body>
16 CSS样式表
17 </body>
18 </html>
```

图6-3　使用内部CSS样式表

说明

除设置文本格式外，还可以使用 CSS 控制网页中块级别元素的格式和定位。块级元素是一段独立的内容，在 HTML 中通常由一个新行分隔，并在视觉上设置为块的格式。例如，h1 标签、p 标签和 Div 标签都在网页上产生块级元素。

可以对块级元素执行以下操作：为它们设置边距和边框、将它们放置在特定位置、向它们添加背景颜色、在它们周围设置浮动文本等。对块级元素进行操作的方法实际上与使用 CSS 进行页面布局设置的方法相同。

6.1.2　CSS 的编写

CSS 的语句是内嵌在 HTML 文档内的，所以编写 CSS 的方法和编写 HTML 文档的方法是一样的。

用户可以用任何一种文本编辑工具来编写 CSS，如 Windows 下的记事本和写字板、专门的 HTML 文本编辑工具（Frontpage、Ultraedit 等），都可用来编辑 CSS 文档，如图 6-4 所示。

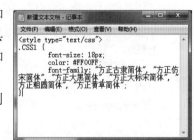

图6-4　使用记事本编辑CSS样式表

编辑好的 CSS 文档可以使用以下 3 种方法来加入到 HTML 文档中：

（1）第一种方法：把 CSS 文档放到 <head> 文档中：<style type="text/css"> …… </style>。其中 <style> 中的 type='text/css' 的意思是 <style> 中的代码是定义样式表单的。

（2）把 CSS 样式表写在 HTML 的行内，如下面的代码：<p style="font-size:14pt;color:

blue">蓝色 14 号文字</p>，这是采用<Style=" ">的格式把样式写在 HTML 中的任意行内，这样比较方便灵活。

（3）把编辑好的 CSS 文档保存成 .CSS 文件，然后在<head>中定义样式。

格式：<head> <link rel=stylesheet href="style.css"> …… </head>

上面的代码中应用了一个<Link>，rel=stylesheet 指连接的元素是一个样式表（stylesheet）文档，一般这里是不需要改动的。而后面的 href="style.css" 指的是需要链接的文件地址，只需把编辑好的 .CSS 文件的详细路径名写进去即可。这种方法非常适合同时定义多个文档，它能使多个文档同时使用相同的样式，从而减少大量的冗余代码。

6.1.3 创建 CSS 样式表

在 Dreamweaver CS6 或更高版本中，“CSS 样式”面板替换为 CSS Designer（CSS 设计器）。可以定义 CSS 规则的属性，如文本字体、背景图像和颜色、间距和布局属性以及列表元素外观。首先创建新规则，然后设置其他任意属性。

单击“窗口”|“CSS 样式”命令，打开“CSS 样式”面板，如图 6-5 所示，单击“新建 CSS 规则”按钮 +，如图 6-6 所示。

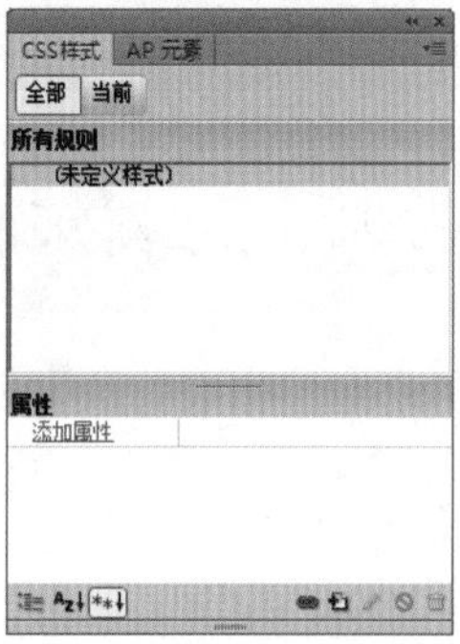

图6-5 “CSS样式”面板

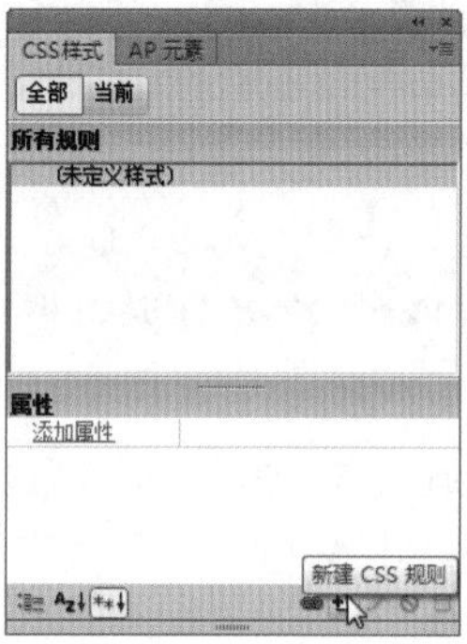

图6-6 单击“新建CSS规则”按钮

弹出“新建 CSS 规则”对话框，在“选择或输入选择器名称”文本框中输入“ZT1”，如图 6-7 所示。单击“确定”按钮，弹出“.ZT1 的 CSS 规则定义”对话框，系统默认进入“类型”界面，在右侧进行相应的设置，如图 6-8 所示，单击“确定”按钮，即可创建 CSS 样式表。

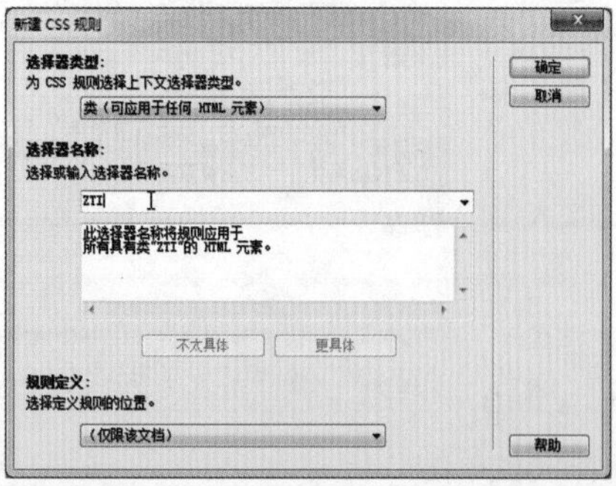

图6-7 “新建CSS规则”对话框

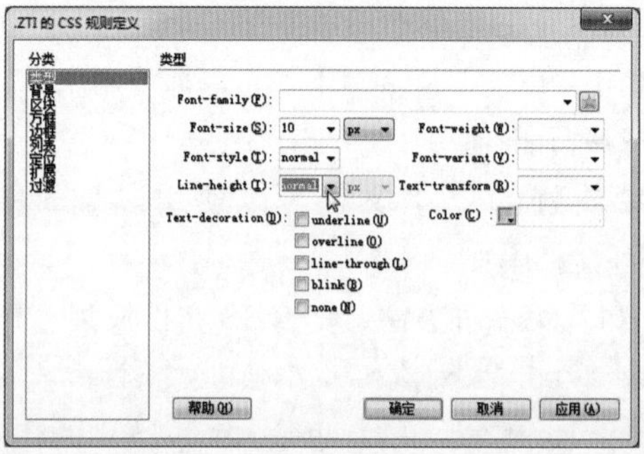

图6-8 对“类型”进行设置

6.2 管理 CSS 样式表

类样式是唯一可应用于文档中任何文本（与标签控制文本无关）的 CSS 样式类型。所有与当前文档关联的类样式都显示在"CSS 样式"面板（其名称前带有句号点）及文本属性检查器的"样式"菜单中。ID CSS 样式、标签 CSS 样式及复合内容 CSS 样式可自动进行样式应用，而类 CSS 样式则需要手动设置到网页元素上。本节主要介绍 CSS 样式表的管理方法。

6.2.1 管理外联样式表

编辑外部 CSS 样式表时，链接到该 CSS 样式表的所有文档全部更新以反映所做的编辑。可以导出文档中包含的 CSS 样式以创建新的 CSS 样式表，然后附加或链接到外部样式表以应用所包含的样式。可以将创建的或复制到站点中的任何样式表附加到页面。此外，Dreamweaver CS6 附带了预置的样式表，这些样式表可以自动移入站点并附加到页面。

	素材文件	光盘 \ 素材 \ 第 6 章 \6.2.1\index.html、外部 CSS.css
	效果文件	光盘 \ 效果 \ 第 6 章 \6.2.1\index.html
	视频文件	光盘 \ 视频 \ 第 6 章 \6.2.1 管理外联样式表 .mp4

步骤 01 单击"文件"|"打开"命令，打开一个网页文档，如图6-9所示。

步骤 02 单击"窗口"|"CSS样式"命令，展开"CSS样式"面板，在"CSS样式"面板中右击，在弹出的快捷菜单中选择"附加样式表"命令，如图6-10所示。

图6-9 打开一个网页文档　　　　　　　　　图6-10 选择"附加样式表"命令

步骤 03 弹出"链接外部样式表"对话框，单击"浏览"按钮，如图6-11所示。

步骤 04 弹出"选择样式表文件"对话框，选择相应的CSS文件，如图6-12所示。

步骤 05 依次单击"确定"按钮，返回"CSS样式"面板，可以看到链接的CSS样式，如图6-13所示。

步骤 06 在文档中选择相应的文本，如图6-14所示。

图6-11　单击"浏览"按钮　　　　　　图6-12　选择相应的CSS文件

图6-13　"CSS样式"面板　　　　　图6-14　选择相应的文本

　　步骤 07 在"属性"面板的"目标规则"下拉列表框中选择链接的"外部CSS"样式规则，即可为所选择的文本应用外联样式，如图6-15所示。

　　步骤 08 按【F12】键保存网页文档，在打开的IE浏览器中即可查看网页效果，如图6-16所示。

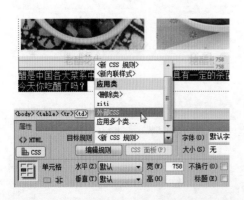

图6-15　为所选择的文本应用外联样式　　　　图6-16　查看网页的效果

6.2.2 管理内嵌样式表

内嵌样式表是混合在 HTML 标签中使用的，运用这种方法，可以简单的对某个元素单独定义样式。内嵌样式的使用是直接在 HTML 标签中加入 style 参数，而 style 参数的内容就是 CSS 的属性和值。

在网页文档中，确定需要编辑的文档内容，如图 6-17 所示。切换到"代码"视图状态，在相应文字前面输入代码：<span class="ZT1">，如图 6-18 所示。

在"代码"视图中文本的后面输入 </span> 代码，如图 6-19 所示。切换到"设计"视图状态，可看到嵌入样式后的文本效果，如图 6-20 所示。

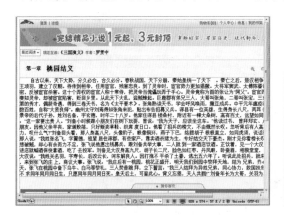

图6-17 确定需要编辑的文档内容

图6-18 在相应文字前面输入代码

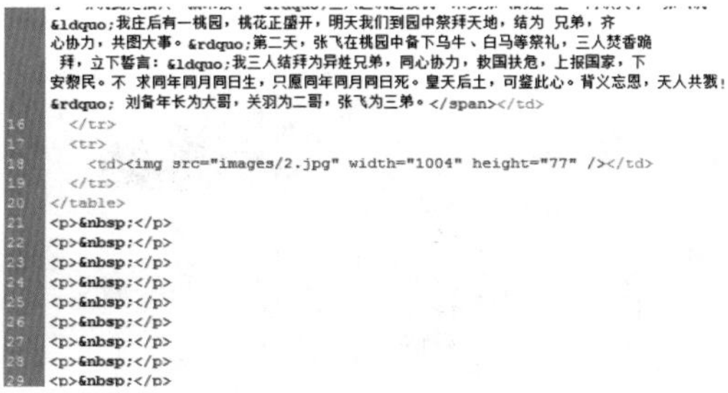

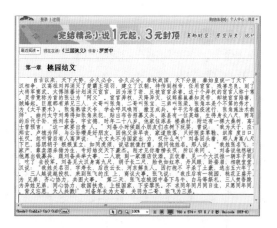

图6-19 在视图中文本的后面输入代码

图6-20 看到嵌入样式后的文本效果

6.3 设置 CSS 属性参数

在"CSS 样式定义"对话框中，除了可以设置"类型"与"背景"属性外，还可以设置"区块""方框""边框""列表""定位"和"扩展"6 种类型的属性，下面分别介绍这些属性具体的设置方法。

6.3.1 设置网页字体类型

在"CSS规则定义"对话框的"类型"选项卡中，可以定义CSS样式的基本字体和类型设置，在窗口的右侧可以对文本的样式进行设置。

	素材文件	光盘 \ 素材 \ 第 6 章 \6.3.1\index.html
	效果文件	光盘 \ 效果 \ 第 6 章 \6.3.1\index.html
	视频文件	光盘 \ 视频 \ 第 6 章 \6.3.1 设置网页字体类型 .mp4

步骤 01 单击"文件"|"打开"命令，打开一个网页文档，如图6-21所示。

步骤 02 展开"CSS样式"面板，单击面板下方的"新建CSS规则"按钮 ，弹出"新建CSS规则"对话框，在"选择或输入选择器名称"文本框中输入"类型"，如图6-22所示。

图6-21 打开一个网页文档

图6-22 输入"类型"

步骤 03 单击"确定"按钮，弹出".类型的CSS规则定义"对话框，系统默认进入"类型"选项卡，在右侧进行相应的设置，如图6-23所示。

步骤 04 单击"确定"按钮，选择相应文本，在"CSS属性"面板中的"目标规则"列表框中选择"类型"选项，如图6-24所示。

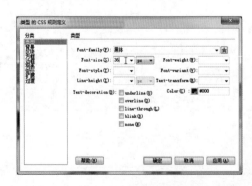

图6-23 设置类型属性

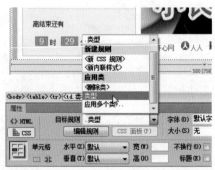

图6-24 选择"类型"选项

步骤 05 执行操作后，按【F12】键保存网页文档，在打开的IE浏览器中即可看到效果，如图6-25所示。

图6-25　查看网页效果

使用"CSS样式"面板可以跟踪影响当前所选页面元素的CSS规则和属性（"正在"模式），也可以跟踪文档可用的所有规则和属性（"全部"模式）。

"类型"类别中各个选项的含义及设置方法如下：

（1）Font-family（字体）：用于为样式设置字体系列（或多组字体系列）。

（2）Font-size（大小）：用于定义文本大小。可以通过选择数字和度量单位选择特定的大小，也可以选择相对大小，使用像素作为单位可以有效地防止浏览器扭曲文本。

（3）Font-style（样式）：用于指定"正常""斜体"或"偏斜体"作为字体样式。

（4）Line-height（行高）：用于设置文本所在行的高度。

（5）Text-decoration（修饰）：用于向文本中添加下画线、上画线或删除线，或者使文本呈闪烁效果。

（6）Font-weight（粗细）：用于对字体应用特定或相对的粗体量。

（7）Font-variant（变体）：用于设置文本的小型大写字母变体。

（8）Text-transform（大小写）：用于将所选内容中的每个单词的首字母大写或将文本设置为全部大写或小写。

（9）Color（颜色）：用于设置文本颜色。

6.3.2　设置网页颜色属性

在"CSS样式"面板中，可以为用于控制元素在页面上的放置方式的标签和属性定义设置。在"CSS样式"面板的"类别"中可以定义CSS样式的字体颜色，对文本的样式进行设置和修改操作。

	素材文件	光盘 \ 素材 \ 第 6 章 \6.3.2\index.html
	效果文件	光盘 \ 效果 \ 第 6 章 \6.3.2\index.html
	视频文件	光盘 \ 视频 \ 第 6 章 \6.3.2　设置网页颜色属性 .mp4

步骤 01 单击"文件"｜"打开"命令，打开一个网页文档，如图6-26所示。

步骤 02 在文档窗口中，选择相应的文本内容并右击，在弹出的快捷菜单中选择"CSS样

式"|"新建"命令，如图6-27所示。

图6-26　打开一个网页文档

图6-27　单击"新建"命令

步骤 03 弹出"新建CSS规则"对话框，在其中设置选择器的名称，如图6-28所示。

步骤 04 设置完成后，单击"确定"按钮，弹出".ziti的CSS规则定义"对话框，在其中设置Color为蓝色（#0A00F7），如图6-29所示。

图6-28　设置选择器名称

图6-29　设置Color为蓝色

步骤 05 设置完成后，单击"确定"按钮，选择字体内容，在"属性"面板中单击"目标规则"右侧的下三角按钮，在弹出的列表框中选择新建的CSS样式，如图6-30所示。

步骤 06 执行操作后，即可更改文本的颜色，效果如图6-31所示。

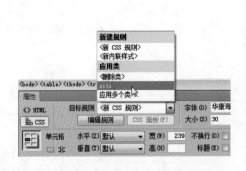

图6-30　选择新建的CSS样式

图6-31　更改文本颜色后的效果

6.3.3 设置网页背景属性

在"．背景的 CSS 规则定义"对话框的"背景"类别中，可以定义 CSS 样式的背景属性，可以对网页中的任何元素应用背景属性。

	素材文件	光盘 \ 素材 \ 第 6 章 \6.3.3\index.html
	效果文件	光盘 \ 效果 \ 第 6 章 \6.3.3\index.html
	视频文件	光盘 \ 视频 \ 第 6 章 \6.3.3 设置网页背景属性 .mp4

步骤 01 单击"文件"｜"打开"命令，打开一个网页文档，如图6-32所示。

步骤 02 展开"CSS样式"面板，选择"背景"规则并右击，在弹出的快捷菜单中选择"编辑"命令，如图6-33所示。

图6-32 打开一个网页文档　　　　图6-33 选择"编辑"命令

步骤 03 执行操作后，弹出"．背景的CSS规则定义"对话框，切换到"背景"选项卡，设置其中各选项，如图6-34所示。

步骤 04 单击"确定"按钮，返回网页文档中，通过"属性"面板对文本内容应用"背景"样式，按【F12】键保存网页文档，在打开的IE浏览器中即可查看网页效果，如图6-35所示。

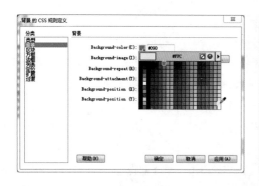

图6-34 设置背景属性　　　　图6-35 查看网页的效果

"背景"类别中各个选项的含义及设置方法如下：

（1）Background-color（背景颜色）：用于设置元素的背景颜色。

（2）Background-image（背景图像）：用于设置元素的背景图像。

（3）Background-repeat（重复）：用于确定是否以及如何重复背景图像。使用"重复"属性重定义 body 标签并设置不平铺、不重复的背景图像。

（4）Background-attachment（附件）：用于确定背景图像是固定在其原始位置还是随内容一起滚动。注意，某些浏览器可能将"固定"选项视为"滚动"。

（5）Background-position（x）（水平位置）或（y）（垂直位置）：用于指定背景图像相对于元素的初始位置，可将背景图像与页面中心垂直（y）和水平（x）对齐。

6.3.4 设置网页对齐属性

在"·背景的 CSS 规则定义"对话框的"区块"类别中可以定义标签的间距和对齐属性，在窗口右侧可以对区块的样式进行设置。

在"·背景的 CSS 规则定义"对话框中，选择"区块"选项卡，然后设置文本的对齐属性（如果某个属性对于样式并不重要，可将其保留为空即可），如图 6-36 所示。设置完成后，单击"确定"按钮，保存网页，即可查看设置文本对齐方式后的效果，如图 6-37 所示。

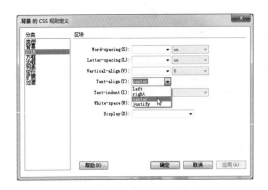

图6-36　设置区块属性

图6-37　设置文本对齐方式后的效果

"区块"类别中各个选项的主要含义及设置方法如下：

（1）Word-spacing（单词间距）：用于设置文字的间距。

（2）Letter-spacing（字母间距）：用于增加或减小字母或字符的间距。

（3）Vertical-align（垂直对齐）：用于指定应用此属性的元素的垂直对齐方式。

（4）Text-align（文本对齐）：用于设置文本在元素内的对齐方式。

（5）Text-indent（文字缩进）：用于指定第一行文本缩进的程度。

（6）White-space（空格）：用于确定如何处理元素中的空格。

①"正常"：收缩空白。

②"保留"：其处理方式与文本被括在 pre 标签中一样（即保留所有空白，包括空格、制表符和回车）。

③"不换行"：指定仅当遇到 br 标签时文本才换行。

（7）Display（显示）：用于指定元素是否显示，以及如何显示。

6.3.5　设置网页方框属性

在".背景的CSS规则定义"对话框的"方框"类别中，可以为用于控制元素在页面上的放置方式的标签和属性定义设置。可以在应用填充和边距设置时将设置应用于元素的各个边，也可以使用"全部相同"将相同的设置应用于元素的所有边。

"方框"类别中各选项的具体含义及设置方法如下：

（1）Width（宽）和Height（高）：用于设置元素的宽度和高度。

（2）Float（浮动）：用于设置其他元素的浮动效果。

（3）Clear（清除）：用于定义不允许AP元素的边。

（4）Padding（填充）：用于指定元素内容与元素边框之间的间距。

（5）Margin（边距）：用于指定一个元素的边框与另一个元素之间的间距。

在".背景的CSS规则定义"对话框中，选择"方框"选项，然后设置其中的相应参数，如图6-38所示。设置完成后，单击"确定"按钮，保存网页，即可查看设置网页方框属性后的效果，如图6-39所示。

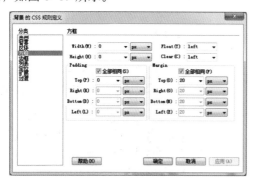

图6-38　设置方框属性

图6-39　设置网页方框属性后的效果

6.3.6　设置网页边框属性

在".背景的CSS规则定义"对话框的"边框"类别中，可以定义元素周围的边框的属性（如宽度、颜色和样式），在窗口右侧可以对边框的样式进行设置，如图6-40所示。单击"应用"按钮，即可得到相应的边框效果，如图6-41所示。

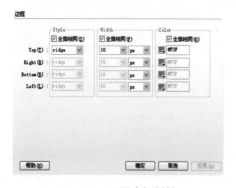

图6-40　设置边框属性

图6-41　边框效果

"边框"类别中各选项的含义及设置方法如下：

（1）Style（类型）：用于设置边框的样式外观。选中"全部相同"复选框，可为应用此属性的元素的"上""右""下"和"左"设置相同的边框样式属性。

（2）Width（宽度）：用于设置元素边框的粗细。取消选中"全部相同"复选框可设置元素各个边的边框宽度。

（3）Color（颜色）：用于设置边框的颜色。用户可以分别设置每条边的颜色，但显示方式取决于浏览器。取消选中"全部相同"复选框，可单独设置元素各个边的边框颜色。

6.3.7 设置网页列表属性

在"．背景的 CSS 规则定义"对话框的"列表"类别中，可以为列表标签进行设置（如项目符号大小和类型），在窗口右侧可以对列表的样式进行设置，如图 6-42 所示。单击"应用"按钮，即可得到相应的列表效果，如图 6-43 所示。

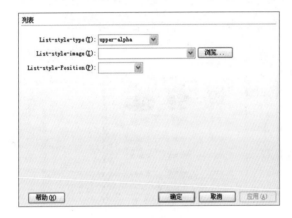
图6-42　设置列表属性

图6-43　预览效果

"列表"类别中各选项的含义及设置方法如下：

（1）List-style-type（类型）：用于设置项目符号或编号的外观。

（2）List-style-image（项目符号图像）：用于为项目符号指定自定义图像。

（3）List-style-Position（位置）：用于描述列表位置。

6.3.8 设置网页定位属性

"定位"样式属性用于确定与选定的 CSS 样式相关的内容在页面上的定位方式，在窗口右侧可以对定位的样式进行设置，如图 6-44 所示。单击"应用"按钮，即可得到相应的定位效果，如图 6-45 所示。

"定位"类别中各选项的含义及设置方法如下：

（1）Position（类型）：用于确定浏览器应如何定位选定的元素。

（2）Visibility（可见性）：用于确定内容的初始显示条件。如果不指定可见性属性，则默认情况下内容将继承父级标签的值。body 标签的默认可见性是可见的。

（3）Z-Index（Z 轴）：用于确定内容的堆叠顺序。Z 轴值较高的元素显示在 Z 轴值较低的元素（或根本没有 Z 轴值的元素）的上方。值可以为正，也可以为负（如果已经对内容进行了绝对定位，则可以轻松使用"AP 元素"面板更改堆叠顺序）。

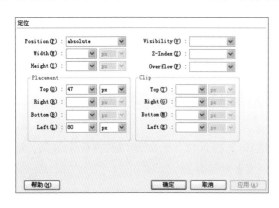

图6-44 设置定位属性　　　　　　　　　　　　　　图6-45 预览效果

（4）Overflow（溢出）：用于确定当容器（如 DIV 或 P）的内容超出容器的显示范围时的处理方式。

（5）Placement（定位）：用于指定内容块的位置和大小。浏览器如何解释位置取决于"类型"设置。如果内容块的内容超出指定的大小，则将改写大小值，位置和大小的默认单位是像素。还可以指定相应单位 pc（皮卡）、pt（点）、in（英寸）、mm（毫米）、cm（厘米）、em（全方）、（ex）或 %（父级值的百分比），缩写必须紧跟在值之后，中间不留空格。

（6）Clip（剪辑）：用于定义内容的可见部分。如果指定了剪辑区域，可以通过脚本语言（如 JavaScript）访问它，并操作属性以创建类似擦除的特效。使用"改变属性"行为可设置擦除效果。

6.3.9 设置网页扩展属性

"扩展"样式属性包括滤镜、分页和指针选项，在窗口右侧可以对扩展的样式进行设置，如图 6-46 所示。设置完成后，单击"应用"按钮，即可得到相应的扩展效果，如图 6-47 所示。

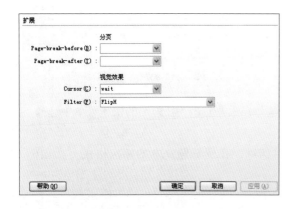

图6-46 设置"扩展"类别　　　　　　　　　　　　图6-47 预览效果

"扩展"类别中各选项的含义及设置方法如下：

（1）Page-break-before/after（分页）：用于在打印期间在样式所控制的对象之前或者之后强行分页，在弹出菜单中选择要设置的选项即可。

（2）Cursor（光标）：当指针位于样式所控制的对象上时用于改变指针图像。

（3）Filter（过滤器）：用于对样式所控制的对象应用特殊效果（包括模糊和反转）。

6.4 综合案例——制作美食网页

下面以制作美食网页效果为例，进行网页的编辑与设计操作，如制作网页标题效果、制作网页正文效果以及制作文本对齐方式等内容，希望读者熟练掌握。

6.4.1 制作网页标题效果

一个具有吸引力的网站，都有一个非常醒目的标题，下面向读者介绍制作网页标题效果的操作方法。

素材文件	光盘 \ 素材 \ 第 6 章 \6.4.1\index.html
效果文件	光盘 \ 效果 \ 第 6 章 \6.4.1\index.html
视频文件	光盘 \ 视频 \ 第 6 章 \6.4.1 制作网页标题效果 .mp4

步骤 01 单击"文件"|"打开"命令，打开一个网页文档，如图6-48所示。

步骤 02 在页面的最上方表格中，输入网页标题内容，如图6-49所示。

图6-48 打开一个网页文档 　　　　　图6-49 输入网页标题内容

步骤 03 在"CSS样式"面板中，选择"标题"样式并右击，在弹出的快捷菜单中选择"编辑"命令，如图6-50所示。

步骤 04 弹出".标题的CSS规则定义"对话框，设置标题文本的相应格式，如图6-51所示。

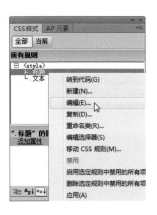 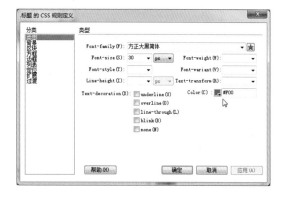

图6-50 选择"编辑"命令　　　　图6-51 设置标题文本格式

步骤 05 设置完成后，单击"确定"按钮，选择标题文本内容，在"CSS属性"面板的"目标规则"列表框中选择"标题"选项，如图6-52所示。

步骤 06 按【F12】键保存网页文档，在打开的IE浏览器中即可看到制作的网页标题效果，如图6-53所示。

图6-52 选择"标题"选项　　　　图6-53 制作的网页标题效果

6.4.2 制作网页正文样式

网页的正文也是整个网页非常重要的部分，具有吸引力的正文样式可以提高网站的流量。下面向读者介绍制作网页正文样式的操作方法。

素材文件	光盘\素材\第6章\6.4.2\index.html	
效果文件	光盘\效果\第6章\6.4.2\index.html	
视频文件	光盘\视频\第6章\6.4.2 制作网页正文样式.mp4	

步骤 01 在网页文档的最下方表格中，输入网页正文内容，如图6-54所示。

步骤 02 在"CSS样式"面板中，选择"文本"样式并右击，在弹出的快捷菜单中选择"编辑"命令，弹出".文本的CSS规则定义"对话框，切换到"背景"选项卡，设置正文文本的背景格式，如图6-55所示。

图6-54 输入网页正文内容

图6-55 设置正文文本的背景格式

步骤 03 设置完成后，单击"确定"按钮，选择正文文本内容，在"CSS 属性"面板的"目标规则"列表框中选择"文本"选项，如图 6-56 所示。

步骤 04 按【F12】键保存网页文档，在打开的 IE 浏览器中即可看到制作的网页正文效果，如图 6-57 所示。

图6-56 选择"文本"选项

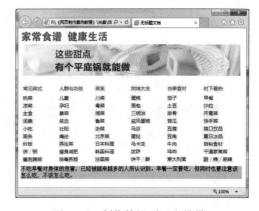

图6-57 制作的网页正文效果

6.4.3 制作文本对齐方式

在 Dreamweaver CS6 中，还可以设置正文文本的对齐方式，使页面效果更加美观，更具有吸引力。下面向读者介绍制作文本对齐方式的方法。

素材文件	光盘 \ 素材 \ 第 6 章 \6.4.3\index.html
效果文件	光盘 \ 效果 \ 第 6 章 \6.4.3\index.html
视频文件	光盘 \ 视频 \ 第 6 章 \6.4.3 制作文本对齐方式 .mp4

步骤 01 在网页文档的下方，选择需要设置对齐方式的文本内容，如图6-58所示。

步骤 02 在"CSS样式"面板中，选择"文本"样式并右击，在弹出的快捷菜单中选择"编辑"命令，弹出".文本的CSS规则定义"对话框，切换到"区块"选项卡，设置正文文本的对齐方式，如图6-59所示。

图6-58 选择文本内容   图6-59 设置对齐方式

步骤 03 单击"确定"按钮，即可更改文本的对齐方式，如图6-60所示。

步骤 04 按【F12】键保存网页文档，在打开的IE浏览器中即可看到效果，如图6-61所示。

图6-60 更改文本的对齐方式   图6-61 查看网页效果

小 结

本章主要学习了运用CSS样式制作网页特效的方法，首先介绍了CSS样式的概念、管理CSS样式表的方法，然后介绍了设置CSS属性参数的方法，更改网页属性内容，最后以综合案例的形式，向读者介绍了美食网页的制作技巧，希望读者熟练掌握本章内容。

习 题 测 试

鉴于本章知识的重要性，为了帮助读者更好地掌握所学知识，下面将通过上机习题，帮助读者进行简单的知识回顾和补充。

	素材文件	光盘\素材\第6章\课后习题\index.html
	效果文件	光盘\效果\第6章\课后习题\index.html
	学习目标	掌握在网页中应用CSS样式的方法

　　本习题需要掌握在网页中应用 CSS 样式的操作方法，素材如图 6–62 所示，最终效果如图 6–63 所示。

图6–62　素材文件

图6–63　效果文件

第7章

运用 CSS 对
网页进行布局

本章引言

　　Div+CSS 可以将网页的表现与内容分离，从设计分工的角度来看，便于
分工合作；从另一个角度来说，除了网站以外，应用程序也可以网页的形式
输出。本章主要向读者介绍运用 CSS 对网页进行布局的操作方法。

本章主要内容

■ 7.1 了解 CSS 与 Div 的基本概念

■ 7.2 布局与定位 CSS 页面

■ 7.3 CSS 常见布局类型

■ 7.4 综合案例——制作购物网页

7.1 了解 CSS 与 Div 的基本概念

CSS + Div 是网站标准（或称"Web 标准"）中的常用术语之一，CSS + Div 也是一种网页的布局方法，这一种网页布局方法有别于传统的 HTML 网页设计语言中的表格（table）定位方式，可实现网页页面内容与表现相分离。

7.1.1 Web 标准的概念

Web 标准不是某一个标准，而是一系列标准的集合。网页主要由 3 部分组成：结构（Structure）、表现（Presentation）和行为（Behavior）。对应的标准也分 3 个方面：结构化标准语言，主要包括 XHTML 和 XML；表现标准语言，主要包括 CSS；行为标准，主要包括对象模型（如 W3C DOM）及 ECMAScript 等。这些标准大部分由 W3C 起草和发布，也有一些是其他标准组织制订的标准，如 ECMA（European Computer Manufacturers Association）的 ECMAScript 标准。

1. 结构标准语言

结构用于对网页中用到的信息进行分类与管理，在结构中用到的技术主要包括 HTML、XML 和 XHTML。

XML（The Extensible Markup Language，可扩展标识语言）推荐遵循的是 W3C 于 2000 年 10 月 6 日发布的 XML 1.0。和 HTML 一样，XML 同样来源于 SGML，但 XML 是一种能定义其他语言的语言。XML 最初设计的目的是弥补 HTML 的不足，以强大的扩展性满足网络信息发布的需要，后来逐渐用于网络数据的转换和描述。

XHTML 推荐遵循的是 W3C 于 2000 年 1 月 26 日发布的 XHTML 1.0。XML 虽然数据转换能力强大，完全可以替代 HTML，但面对成千上万已有的站点，直接采用 XML 还为时过早。因此，在 HTML 4.0 的基础上，用 XML 的规则对其进行扩展，得到了 XHTML。简单的说，建立 XHTML 的目的就是实现 HTML 向 XML 的过渡。

2. 表现标准语言

CSS（Cascading Style Sheets，层叠样式表）推荐遵循的是 W3C 于 1998 年 5 月 12 日发布的 CSS2。纯 CSS 布局与结构式 XHTML 相结合能帮助设计师分离外观与结构，使站点的访问及维护更加容易。

3. 行为标准

行为是指文档内部的模型定义及交互行为的编写，用于编写交互式的文档。在行为中用到的技术主要包括 DOM 和 ECMAScript。

DOM（Document Object Model，文档对象模型）根据 W3C DOM 规范，DOM 是一种与浏览器、平台和语言的接口，使得浏览者可以访问页面其他的标准组件。DOM 解决了 Netscaped 的 JavaScript 和 Microsoft 的 JScript 之间的冲突，给予 Web 设计师和开发者一个标准的方法，让他们可以访问站点中的数据、脚本和表现层对象。

ECMAScript 是 ECMA（European Computer Manufacturers Association）制定的标准脚本语言（JavaScript），推荐遵循的是 ECMAScript 262。

> **说明**
>
> 　　W3C 校验仅仅是帮助设计者检查 XHTML 代码的书写是否规范，CSS 的属性是否都在 CCS2 的规范内。代码的标准化仅仅是第一步，并不是说通过校验，网页就标准化了，目的是为了使网页设计工作更有效率、缩小网页尺寸以及能够在任何浏览器和网络设备中正常浏览。

7.1.2　Div 的基本功能

Div 是 CSS 中的定位技术，在 Dreamweaver 中将其进行了可视化操作。在网页中，Div 通常用来确定对象在浏览器中的起止位置。Div 可以包含文本、图像、表格，甚至是其他 Div，而且 Div 对于制作页面的部分更是有特殊的效果。可以将 Div 理解为一个文档窗口内的又一个小窗口，像在普通窗口中的操作一样，在 Div 中可以输入文字，也可以插入图像、动画影像、声音和表格，以对其进行编辑。Div 的主要功能如下：

（1）重叠排放网页中的元素：利用 Div 可以实现不同图像的重叠排列，而且还可以随意改变顺序。

（2）精确的定位：单击 Div 左上方的四边形控制手柄，将其拖动到指定位置，即可改变层的位置。如果要精确定位 Div 在页面中的位置，可以在 Div 的"属性"面板中输入精确的数值坐标。如果将 Div 的坐标值设置为负数，Div 会在页面中消失。

（3）显示和隐藏 Div：Div 的显示和隐藏可以在"Div"面板中完成。当"Div"面板中的 Div 名称前所显示的是闭合的眼睛图标🐛时，表示 Div 被隐藏；显示的是睁开的眼睛图标🐛时，则表示 Div 被显示。

7.1.3　Div 与 Span 的区别

Div 与 Span 的区别在于 Div（Division）是一个块级元素，可以包含段落、标题以及表格，甚至还可以包含章节、摘要和备注等；而 Span 是行内元素，Span 的前后是不会换行的，它没有结构上的意义，纯粹是应用样式，当其他行内元素都不合适时，可以使用 Span。

<span> 标签有一个重要而实用的特性，即它什么事都不会处理，</span><span> 标签唯一目的就是围绕 HTML 代码中的其他元素，用户可为它们指定样式。

7.1.4　Class 和 ID 的区别

在样式表中定义一个样式时，可以定义 ID 也可以定义 Class，它们的区别在于以下 4 个方面：

（1）在 CSS 文件中书写时，ID 加前缀 #，Class 加前缀 .。

（2）一个页面中，ID 只可以使用一次，而 Class 可以多次引用。

（3）ID 是一个标签，用于区分不同的结构和内容，就像名字，如果一个屋子有 2 个人同名，就会出现混淆；Class 是一个样式，可以套在任何结构和内容上，就像一件衣服。

(4) 从概念上说是不一样的，ID 是先找到结构和内容，再给它定义样式；Class 是先定义好一种样式，再套用多个结构和内容。

> **说明**
>
> 目前的浏览器都允许使用多个相同的 ID，一般情况下也能正常显示，但在用户需要用 JavaScript 通过 ID 来控制 Div 时就会出现错误。

7.1.5　CSS + Div 的布局优势

过去最常用的网页布局工具是 <table> 标签，它本是用来创建电子数据表的，而不是用于布局，因此设计师不得不经常以各种不寻常的方式来使用这个标签。如把一个表格放在另一个表格的单元格中，这种方法的工作量很大，增加了大量额外的 HTML 代码，并使得后期要修改和设计网页布局变得很难。而 CSS 的出现使得网页布局有了新的曙光，运用 CSS 属性可以精确地设定元素的位置，还能将定位的元素叠放在彼此之上。当使用 CSS 布局时，主要把它用在 Div 标签上，<div> 与 </div> 标签之间相当于一个容器，可以放置段落、表格和图片等各种 HTML 元素。

掌握基于 CSS 的网页布局方式，是实现 Web 标准的基础。Div 是用来为 HTML 文档内大块的内容提供结构和背景元素的。Div 的起始标签和结束标签之间的所有内容都是用来构成块的，其中所包含元素的特性由 Div 标签的属性或通过使用 CSS 来控制。采用 CSS 布局有以下优点：

(1) 大大缩减页面代码，提高页面浏览速度，缩减带宽成本。

(2) 结构清晰，容易被搜索引擎搜索到。用只包含结构化内容的 HTML 代替嵌套的标记，搜索引擎将更有效地搜索到内容。

(3) 缩短改版时间，只要简单地修改几个 CSS 文件就可以重新设计一个有成百上千页面的站点。

(4) 强大的字体控制和排版功能。

(5) CSS 非常容易编写，可以像写 HTML 代码一样轻松地编写 CSS。

(6) 提高易用性，使用 CSS 可以结构化 HTML，如 <P> 标签只用来控制段落，heading 标签只用来控制标题，table 标签只用来表现格式化的数据等。

(7) 表现和内容相分离，将设计部分分离出来放在一个独立样式文件中。

(8) table 布局中，垃圾代码会很多，一些修饰的样式及布局的代码混合一起，很不直观。Div 更能体现样式和结构相分离，结构的重构性强。

(9) 可以将许多网页的风格格式同时更新，不必逐页进行更新。可以将站点上所有的网页风格都使用一个 CSS 文件进行控制，只要修改 CSS 文件中相应的内容，整个站点的所有页面都会随之发生变动。

(10) 几乎在所有的浏览器上都可以使用。

(11) 页面的字体变得更漂亮。

7.2　布局与定位 CSS 页面

所谓布局，就是将网页中的各个板块放置在合适的位置，其中表格布局和 CSS + Div 布局是最常用、最流行的布局方法。无论使用表格还是 CSS，网页布局都是把大块的内容放进网页的不同区域中。CSS 排版是一种新的排版理念，首先使用 <div> 标签将页面整体划分几个板块，然后对各个板块进行 CSS 定位，最后在各个板块中添加相应的内容。

7.2.1　用 Div 将页面分块

CSS 的排版是一种很新的排版理念，完全有别于传统的排版习惯。它将页面首先在整体上进行 <div> 标记的分块，然后对各个块进行 CSS 定位，最后在各个块中添加相应的内容。通过 CSS 排版的页面，更新十分容易，甚至是页面的拓扑结构，都可以通过修改 CSS 属性来重新定位。

CSS 排版要求设计者首先对页面有一个整体的框架规划，包括整个页面分为哪些模块以及各个模块之间的关系等。以最简单的框架为例，页面由 Banner、主题内容（content）、菜单导航（link）和脚注几个部分组成，各个部分分别用自己的 ID 来标识，如图 7-1 所示，其页面中的 HTML 代码如图 7-2 所示。

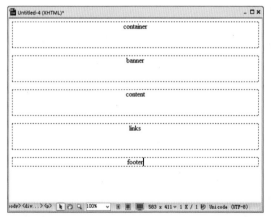

图7-1　各个部分分别用ID来标识　　　　　　　　　图7-2　页面中的HTML代码

图中的每个板块都是一个 <div>，直接使用 CSS 中的 ID 来表示各个板块。页面的所有 Div 都属于 Container，一般的 Div 排版都会在最外面加上父 Div，便于对页面的整体进行调整。对于每个 Div 块，还可以加入各种元素或行内元素。

7.2.2　用 CSS 堆给元素位置定位

利用 CSS 定位 Web 页面上的元素有很多需要注意的地方，当用户需要一个元素出现在另一个元素的位置时，经常会突然出现混乱的场景，使用 CSS 的 z-index 属性控制元素的堆放可以很容易地解决这个问题。

元素的堆放顺序依赖于 CSS 的定位方面，有 3 种定位方式可供选择：相对定位、绝对定位和固定位置。

（1）相对定位：定位元素通过侧偏移属性进行移动。当一个项目是相对定位时，这时会创建一个包含块将所有该项目的子项目包含其中。该块与元素的定位位置相一致，这样就可以相对一个元素的父元素来定位它，因为它的父元素的位置已经确定。

（2）绝对定位：当元素绝对定位时，它们就被完全从页面的其他元素流中移除，也就是说绝对定位元素根据包含它们的块定位，边缘使用侧偏移属性定位。绝对定位的元素不随其他元素浮动，其他元素也不围绕它浮动。因此，一个绝对定位的元素可能会覆盖其他元素。

（3）固定位置：固定位置的元素和绝对定位模型类似，但是固定位置元素被完全从文档中移除，不与文档中的任何元素有相对位置。使用固定位置定位，仅使用 CSS 即可创建类似 HTML 框架的接口。

说明

定位元素需要指定偏移值，这些偏移值通过使用顶部、左边、右边和底部样式属性来指定。每个值被解释为相应元素的外部边缘，以及根据它原来的位置应该移动的距离。

7.2.3　用 CSS 定位各块的位置

在 Dreamweaver CS6 中，使用 Div 可以将页面首先在整体上进行 <div> 标记的分块，然后对各个块进行 CSS 定位，最后在各个块中添加相应的内容，页面大致由 banner、content、links 和 footer 几个部分组成。

在页面外部有一个 container，页面的 banner 在最上方，然后是内容 content 与导航条 links，两者在页面中部，其中 content 占据整个页面的主体，最下方是页面脚注 footer，用于显示版权信息和注册日期等，如图 7-3 所示。

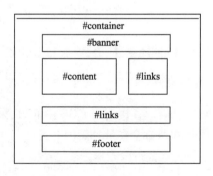

图7-3　设计各块的位置

7.3　CSS 常见布局类型

本节主要讲解 CSS 布局的常见类型，如图 7-4 所示。CSS 网页布局千变万化，本节不可能汇总全部布局类型，对一些最基本的常用布局类型进行梳理，以帮助读者理清思路，从而快速选择相应的布局类型进行套用。

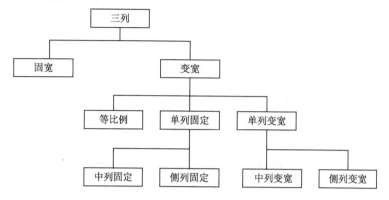

图7-4　常见的布局类型

7.3.1　设置单行单列固定宽度

在网页布局中，单列固定宽度是常见的网页布局方式，多用于封面型的主页设计中，可以使用流动布局、浮动布局或层布局来快速实现。一列式布局是所有布局的基础，也是最简单的布局形式。下面的 XHTML 结构代码是一个典型的单行单列居中布局样式。

```
<!DOCTYPE html PUBLIC "-//W3C//DTD XHTML 1.0 Transitional//EN" "http://
www.w3.org/TR/xhtml1/DTD/xhtml1-transitional.dtd">
<html xmlns="http://www.w3.org/1999/xhtml">
<head>
<meta http-equiv="Content-Type" content="text/html; charset=utf-8" />
<title>1 列固定宽度 </title>
<style>
#content{border-color:#09F;
border:10px solid #9F0;
width:500px;
height::400px;
}
</style>
</head>
<body>
<div id="content">
<div id="content">
<h3>1 列固定宽度 </h3>
</div>
</body>
</html>
```

> **说明**
>
> 　　用户可在 HTML 文档的 <body> 与 </body> 之间的正文中输入 Div 代码，给 Div 命名，并在 Div 内输入标题文字。由于是固定宽度，无论怎样改变浏览器窗口的大小，Div 的宽度都不会改变。

7.3.2　设置两列右列宽度自适应

　　自适应布局是网页设计中常见的一种布局形式，自适应的布局能够根据浏览器窗口的大小，自动改变其宽度或高度值，是一种非常灵活的布局形式。下面是实现左侧固定和右侧自适应的 CSS 代码。

```
<!DOCTYPE html PUBLIC "-//W3C//DTD XHTML 1.0 Strict//EN" "http://www.
w3.org/TR /xhtml1/DTD/xhtml1-strict.dtd">
<html xmlns="http://www.w3.org/1999/xhtml">
<head>
<meta http-equiv="content-type" content="text/html; charset=utf-8" />
<title></title>
<meta name="keywords" content="" />
<meta name="description" content="" />
<style type="text/css">
.content{ height:500px; }
.sidebar{float:left; width:200px; background-color:#CC3366;height:300px;_
margin-right:-3px; }
.main{ background-color:#FFFF66;height:300px;}
</style>
</head>
<body>
<div class="content">
<div class="sidebar">A</div>
<div class="main">B</div>
</div>
</body>
</html>
```

从浏览效果可以看到，Div 的宽度已经变为浏览器宽度，如图 7-5 所示。

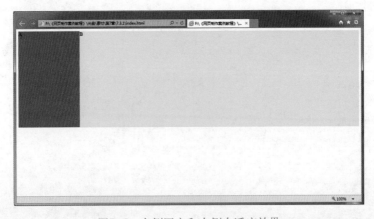

图7-5　左侧固定和右侧自适应效果

当扩大或缩小浏览器窗口大小时，左侧的Div宽度保持不变，右侧的Div宽度会随着浏览器的大小而改变，如图7-6所示。

图7-6　右侧自适应变化

7.3.3　设置一列宽度自适应

自适应布局的最大好处是能够根据浏览器的大小自动改变其高度或宽度值。因此，对不同分辨率的显示器来说，使用自适应大小能够提供比较好的显示效果。默认状态下Div将占据整行空间，即宽度为100%的自适应大小，一列自适应布局需要改变这个值。其方法是将width的固定像素值改成百分比即可完成，一列自适应布局的CSS代码如下：

```
<!DOCTYPE html PUBLIC "-//W3C//DTD XHTML 1.0 Transitional//EN" "http://
www.w3.org/TR/xhtml1/DTD/xhtml1-transitional.dtd">
<html xmlns="http://www.w3.org/1999/xhtml">
<head>
<meta http-equiv="Content-Type" content="text/html; charset=utf-8" />
<title>1 列宽度自适应 </title>
<style type="text/css">
#layout{background-color:#cccccc;border:2px solid #333333;width:80%;heigh
t:300px;}
</style>
</head>
<body>
<div id="layout"></div>
</body>
</html>
```

自适应的优势是扩大浏览器或缩小浏览器窗口时，其宽度还将维持与浏览器当前宽度比例的 80%，效果如图 7-7 所示。

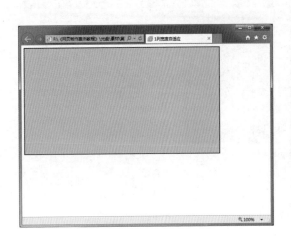

图7-7　一列宽度自适应效果

7.3.4　设置一列固定宽度居中

页面居中是常用的网页设计表现形式之一，传统的表格式布局中，用 align="center" 属性来实现表格居中显示。Div 本身支持 align="center" 属性，同样可以实现居中，但是在 Web 标准化时代，这不是设计者想要的结果，因为不能实现表现与内容的分离。align 对齐属性是一种样式代码，书写在 Div 属性中，有违于分离原则。一列固定宽度居中的 CSS 代码如下：

```
<!DOCTYPE html PUBLIC "-//W3C//DTD XHTML 1.0 Transitional//EN" "http://
www.w3.org/TR/xhtml1/DTD/xhtml1-transitional.dtd">
<html xmlns="http://www.w3.org/1999/xhtml">
<head>
<meta http-equiv="Content-Type" content="text/html; charset=utf-8" />
<title>1 列固定宽度居中 </title>
<style type="text/css">
#layout{background-color:#cccccc;border:2px solid #333333;width:300px;
height:300px;margin:0px auto;}
</style>
</head>
<body>
<div id="layout"></div>
</body>
</html>
```

这里设置了 margin:0px auto 属性，此时浏览器会把 Div 的左右边距设置为相等的值，然后呈现出居中状态，效果如图 7-8 所示。

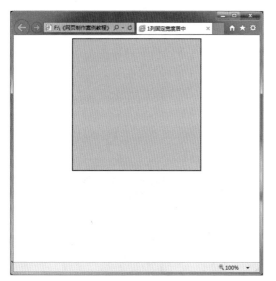

图7-8　一列固定宽度居中效果

> **说明**
>
> 　　margin属性用于控制对象的上、右、下和左4个方向的外边距，当margin用两个参数时，第一个参数表示上下边距，第二个参数表示左右边距，其中有个auto值表示让浏览器自动判断边距。

7.3.5　设置二列固定宽度

在CSS中，包括Div在内的任何元素都能以浮动的方式进行显示，浮动可以改变页面中对象的前后流动方式，有利于排版页面。CSS布局可以让两个Div在水平行中并排显示，从而形成二列式布局，其代码如下所示：

```
<!DOCTYPE html PUBLIC "-//W3C//DTD XHTML 1.0 Transitional//EN" "http://
www.w3. org/TR/xhtml1/DTD/xhtml1-transitional.dtd">
<html xmlns="http://www.w3.org/1999/xhtml">
<head>
<meta http-equiv="Content-Type" content="text/html; charset=utf-8" />
<title>二列固定宽度</title>
<style type="text/css">
#left{background-color:#cccccc;border:2px solid #333333;width:300px;
height:300px;float:left;}
#right{background-color:#cccccc;border:2px solid #333333;width:300px;
height:300px;float:left;}
</style>
</head>
<body>
<div id="left"></div>
<div id="right"></div>
```

```
</body>
</html>
```

Div 使用了 float:left 之后，表示右侧的所有内容将流动到当前对象的右侧，其效果如图 7-9 所示。

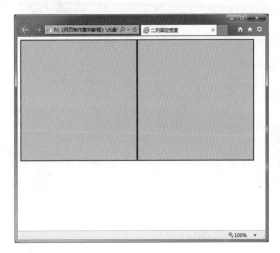

图7-9　二列固定宽度效果

> **说明**
>
> float 属性用于控制对象的浮动布局，有 3 个值：none、left 和 right。使用 none 表示对象不浮动，使用 left 表示对象将向左浮动，使用 right 表示对象向右浮动。

7.3.6　设置二列宽度自适应

从"一列宽度自适应布局"可以看出，设定自适应主要是通过宽度的百分比值来实现，因此在"二列宽度自适应布局"中，同样是采用百分比来指派。二列宽度自适应布局的 CSS 代码如下：

```
<!DOCTYPE html PUBLIC "-//W3C//DTD XHTML 1.0 Transitional//EN" "http://
www.w3.org/TR/xhtml1/DTD/xhtml1-transitional.dtd">
<html xmlns="http://www.w3.org/1999/xhtml">
<head>
<meta http-equiv="Content-Type" content="text/html; charset=utf-8" />
<title>二列宽度自适应布局</title>
<style type="text/css">
#left{background-color:#cccccc;border:2px solid #333333;width:20%;height:
300px;float:left;}
    #right{background-color:#cccccc;border:2px solid #333333;width:70%;height:
300px;float:left;}
</style>
</head>
<body>
<div id="left"></div>
```

```
<div id="right"></div>
</body>
</html>
```

本例中 Div 使用了 float:left 之后，表示右侧的所有内容将流动到当前对象的右侧，效果如图 7-10 所示。

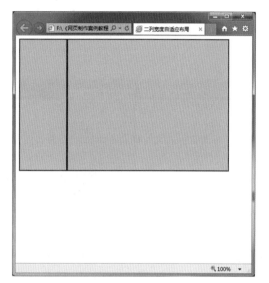
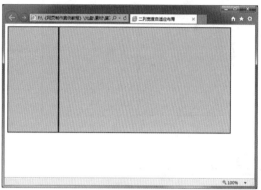

图7-10　两列宽度自适应效果

7.3.7　设置二列固定宽度居中布局

居中的设计只占屏幕的一部分，而不是横跨屏幕的整个宽度，这样就会创建比较短的容易阅读的行。二列固定宽度居中布局有两个基本方法：一种是使用自动空白边，另一种是使用定位和负值的空白边。二列固定宽度居中布局的 CSS 代码如下：

```
<!DOCTYPE html PUBLIC "-//W3C//DTD XHTML 1.0 Transitional//EN" "http://
www.w3. org/TR/xhtml1/DTD/xhtml1-transitional.dtd">
<html xmlns="http://www.w3.org/1999/xhtml">
<head>
<meta http-equiv="Content-Type" content="text/html; charset=utf-8" />
<title>二列固定宽度居中布局</title>
<style type="text/css">
#layout{margin:0px auto;width:408px;}/*layout居中了，里面容器的也就居中显示。*/
#left{background-color:#cccccc;border:2px solid #333333;width:200px;
height:300px;float:left;}
#right{background-color:#cccccc;border:2px solid #333333;width:200px;
height:300px;float:left;}
/* 注意 #layout 的宽度值设定 408px*/
</style>
</head>
<body>
<div id="layout">
```

```
<div id="left"> 左侧 </div>
<div id="right"> 右侧 </div>
</div>
</body>
</html>
```

二列固定宽度居中布局的效果如图 7-11 所示。

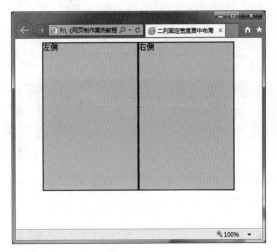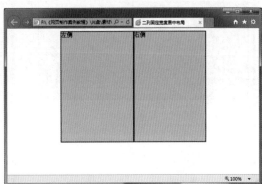

图7-11　二列固定宽度居中布局效果

7.3.8　设置三列浮动中间列宽度自适应

三列布局时，左栏要求固定宽度并且居左显示，右栏要求固定宽度并居右显示，而中间栏要求根据左右栏间距自适应居中显示，其 CSS 代码如下：

```
<!DOCTYPE html PUBLIC "-//W3C//DTD XHTML 1.0 Transitional//EN" "http://
www.w3.org/TR/xhtml1/DTD/xhtml1-transitional.dtd">
<html xmlns="http://www.w3.org/1999/xhtml">
<head>
<meta http-equiv="Content-Type" content="text/html; charset=utf-8" />
<title> 三列浮动中间列宽度自适应 </title>
<style type="text/css">
body{margin:0px;padding:0px;}  /* 不设置次属性，中间的 center 会与 left、right 不
在同一水平线上 */
    #left{background-color:#cccccc;border:2px solid #333333;width:100px;
height:300px;position:absolute;top:0px;left:0px;}
    #center{background-color:#cccccc;border:2px solid #333333;height:300px;-
margin-left:104px;margin-right:104px;}
    #right{background-color:#cccccc;border:2px solid #333333;width:100px;
height:300px;position:absolute;top:0px;right:0px;}
</style>
</head>
<body>
<div id="left"> 左列 </div>
<div id="center"> 中列 </div>
```

```
<div id="right">右列</div>
</body>
</html>
```

三列浮动中间列宽度自适应的浏览效果如图 7-12 所示。

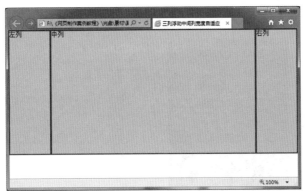

图7-12 三列浮动中间列宽度自适应效果

7.4 综合案例——制作购物网页

下面以制作购物网页效果为例，进行网页的编辑与设计操作，例如在网页中居中布局内容、固定网页中的图像位置以及在网页中制作空白边效果等内容，希望读者熟练掌握。

7.4.1 在网页中居中布局内容

下面向读者介绍在网页中居中布局网页内容的操作方法。

	素材文件	光盘 \ 素材 \ 第 7 章 \7.4.1\index.html
	效果文件	光盘 \ 效果 \ 第 7 章 \7.4.1\index.html
	视频文件	光盘 \ 视频 \ 第 7 章 \7.4.1 在网页中居中布局内容 .mp4

步骤 01 单击"文件"｜"打开"命令，打开一个网页文档，如图7-13所示。

步骤 02 将Div中的文字删除，插入相应的图像，如图7-14所示。

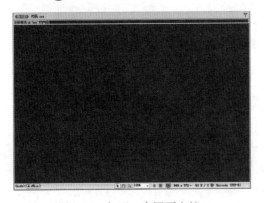

图7-13 打开一个网页文档

图7-14 插入相应的图像

步骤 03 单击页面上方的"代码.css"标签，进入CSS样式编辑界面，创建名为#box的CSS样式，如图7-15所示。

步骤 04 按【F12】键保存网页，单击"在浏览器中预览/调试"按钮，在弹出的列表框中选择"预览在IExplore"选项，如图7-16所示。

图7-15　创建名为#box的CSS样式　　　　图7-16　选择"预览在IExplore"选项

步骤 05 在打开的网页中，可以预览居中布局网页内容的效果，如图7-17所示。

图7-17　预览居中布局网页内容的效果

7.4.2　在 Div 布局中新增图像

下面向读者介绍在 Div 布局中插入其他图像的操作方法。

	素材文件	光盘 \ 素材 \ 第 7 章 \7.4.2\index.html
	效果文件	光盘 \ 效果 \ 第 7 章 \7.4.2\index.html
	视频文件	光盘 \ 视频 \ 第 7 章 \7.4.2　在 Div 布局中新增图像 .mp4

步骤 01 在7.4.1节的基础上，将光标定位于Div表格中，按【Enter】键另起一行，如图7-18所示。

步骤 02 单击"插入"|"图像"命令，如图7-19所示。

图7-18　按【Enter】键另起一行

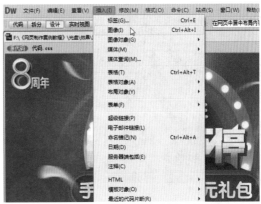

图7-19　单击"图像"命令

步骤 03 弹出"选择图像源文件"对话框，在其中选择需要插入到Div中的图像素材，如图7-20所示。

步骤 04 单击"确定"按钮，即可在Div中插入图像，按【F12】键保存网页，在浏览器中预览网页效果，如图7-21所示。

图7-20　插入图像素材

图7-21　预览网页效果

7.4.3　在网页中制作空白边效果

下面向读者介绍在网页中制作空白边效果的操作方法。

	素材文件	光盘 \ 素材 \ 第 7 章 \7.4.3\index.html
	效果文件	光盘 \ 效果 \ 第 7 章 \7.4.3\index.html
	视频文件	光盘 \ 视频 \ 第 7 章 \7.4.3　在网页中制作空白边效果 .mp4

步骤 01 在7.4.2节的基础上，在网页文档中，将光标定位于第一张图像的后面，按【Enter】键三次，进行换行操作，使两幅素材之间留出足够的空白边，如图7-22所示。

步骤 02 按【F12】键保存网页，在浏览器中预览网页效果，如图7-23所示。

图7-22 按【Enter】键三次

图7-23 在浏览器中预览网页效果

小　　结

　　本章主要学习了运用 CSS 对网页进行布局的操作方法，首先了解了 CSS 与 Div 的基本概念、Class 和 ID 的区别、用 Div 将页面分块的方法；然后介绍了 CSS 常见的布局类型，主要包括设置单行单列固定宽度、设置两列右列宽度自适应、设置一列固定宽度居中、设置二列固定宽度等内容；最后以综合案例的形式，向读者介绍了购物网页的制作技巧，希望读者熟练掌握本章内容。

习 题 测 试

　　鉴于本章知识的重要性，为了帮助读者更好地掌握所学知识，下面将通过上机习题，帮助读者进行简单的知识回顾和补充。

	素材文件	光盘 \ 素材 \ 第 7 章 \ 课后习题 \index.html
	效果文件	光盘 \ 效果 \ 第 7 章 \ 课后习题 \index.html
	学习目标	掌握居中布局网页内容的操作方法

　　本习题需要掌握居中布局网页内容的操作方法，素材如图 7-24 所示，最终效果如图 7-25 所示。

图7-24 素材文件

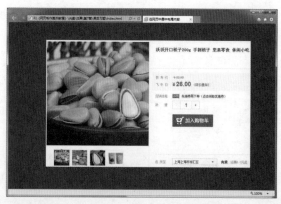

图7-25 效果文件

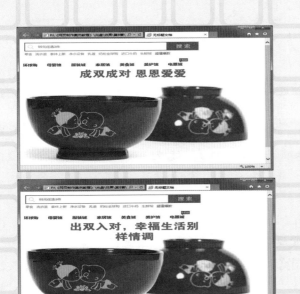

第8章

运用行为功能
制作网页特效

本章引言

行为是指在网页中进行的一系列动作，通过这些动作，可以实现浏览者与网页之间的交互，也可以通过动作使某个行为被执行。在 Dreamweaver CS6 中，行为由事件和动作两个基本元素组成，必须先指定一个动作，然后再指定触发动作的事件。本章主要向读者介绍运用行为功能制作网页特效的操作方法。

本章主要内容

- 8.1 "行为"与"事件"概述
- 8.2 运用行为制作网页特效
- 8.3 运用行为制作文本特效
- 8.4 综合案例——制作健康网页

8.1 "行为"与"事件"概述

在 Dreamweaver CS6 中，可以通过"行为"面板来控制层的显示与隐藏。所谓行为，就是响应某一个事件而采取的一个操作。当把行为赋予页面上某一个元素时，也就是定义了一个操作，以及触发这个操作的事件。例如，可以通过按钮来控制层的显示与隐藏，这里的按钮是操作的对象，通过单击按钮这个操作，来触发显示或隐藏层的行为。本节主要向读者介绍"行为"和"事件"的相关知识。

8.1.1 "行为"面板

行为是在页面中执行一系列动作来实现用户与网页间的交互。一般行为由事件（Event）和对应动作（Actions）组成。例如，当浏览者浏览网页时，将鼠标指针移到某个有链接的按钮上并单击该按钮，会载入一幅图像，此时就产生了 OnMouseOver 和 OnClick 两个事件，同时触发了一个 OnLoad 动作。

在行为中，事件由浏览器定义，可以被附加到页面上，也可以被附加到 HTML 标记中。动作是通过一段 JavaScript 代码来完成相应的任务，事件与动作组合即构成行为。

在 Dreamweaver CS6 中，行为是在"行为"面板中进行添加与操作的，按【Shift + F4】组合键，或单击"窗口"|"行为"命令，可打开"行为"面板，该面板显示在"标签检查器"面板中，如图 8-1 所示。

图8-1 "行为"面板

"行为"面板中各按钮的作用如下：

（1）"显示设置事件"按钮：仅显示附加到当前文档的所有事件，事件被分别划归到客户端或服务器端类别中，每个类别的事件都包含在可折叠的列表中，显示设置事件是默认的视图。

（2）"显示所有事件"按钮：按字母顺序显示属于特定类别的所有事件。

（3）"添加行为"按钮 +：单击"添加行为"按钮 +，打开一个动作菜单，可以向当前行为库添加行为，其中包含可以附加到当前选定元素的动作，当从该菜单中选择一个动作时，将出现一个对话框，可以在此对话框中指定该动作的参数。如果菜单上的所有动作都处于灰色显示状态，则表示选定的元素无法生成任何事件。

（4）"向上箭头" ▲ 和"向下箭头"按钮 ▼：运用"行为"面板中的 ▲ 和 ▼ 按钮，可以改变行为在文档中的顺序，单击 ▲ 按钮时，行为上移；单击 ▼ 按钮时，行为下移。在行为列表中上下移动特定事件的选定动作。只能更改特定事件的动作顺序，例如，可以更改 onLoad 事件中发生的几个动作的顺序，但是所有 onLoad 动作在行为列表中都会放置在一起。对于不能在列表中上下移动的动作，箭头按钮将处于禁用状态。

（5）"删除事件"按钮 −：单击"行为"面板中的"删除事件"按钮 −，可以从当前行为库中删除行为。

（6）事件：显示一个弹出菜单，其中包含可以触发该动作的所有事件，此菜单仅在选中某个事件时可见（当单击所选事件名称旁边的箭头按钮时显示此菜单）。根据所选对象的不同，显示的事件也有所不同。如果未显示预期的事件，应确保选择了正确的页面元素或标签（若要选择特定的标签，可使用"文档"窗口左下角的标签选择器。）。

说明

括号中的事件名称只用于链接，选择其中的一个事件名称后，将向所选的页面元素自动添加一个空链接，并将行为附加到该链接而不是元素本身。在 HTML 代码中，空链接使用 href="javascript:;" 来表示。

8.1.2　"事件"菜单

每个浏览器都提供一组事件，这些事件可以与"行为"面板的"添加动作"列表框中列出的动作相关联，如图 8-2 所示。当网页的浏览者与页面进行交互时（如单击某个图像），浏览器会生成事件。这些事件可用于调用执行动作的 JavaScript 函数。Dreamweaver 提供了多个可通过这些事件触发的常用动作。

图8-2　"添加行为"菜单

根据所选对象的不同，"事件"菜单中显示的事件也有所不同。若要查明对于给定的页面元素以及给定的浏览器支持哪些事件，可在文档中插入该页面元素并向其附加一个行为，然后查看"行为"面板中的"事件"菜单。如果页面中尚不存在相关的对象或所选的对象不能接收事件，则菜单中的事件将处于禁用状态（灰色显示）。如果未显示预期的事件，应先确保选择了正确的对象。

> **说明**
>
> 如果要将行为附加到某个图像，则一些事件（如 onMouseOver）显示在括号中，这些事件仅用于链接。当选择其中之一时，Dreamweaver 在图像周围使用 <a> 标签来定义一个空链接。在"属性"面板的"链接"文本框中，该空链接表示为"javascript:;"。如果要将其变为一个指向另一页面的真正链接，可以更改链接值，如果删除了 JavaScript 链接而没有用另一个链接来替换它，Dreamweaver 将删除该行为。

8.1.3 熟悉不同的动作类型

行为动作是 Dreamweaver 中最有特色的功能之一，通过 Dreamweaver 的"行为"面板可以对网页页面的整个文档中的一些元素加上一些动作，甚至可以编写几个动作置于"行为"面板的"添加动作"列表框中，以便应用。

打开 Dreamweaver 工作界面，展开"行为"面板，在文档中选取如链接、图片、窗体上元素以及 HTML 元素等需要实现动作的对象。若想把行为动作加到整个页面上，则单击文档窗口左下角标签检查器中的 <body> 标签即可。

> **说明**
>
> 比较常见的动作类型有交换图像、弹出信息、恢复交换图像、打开浏览器窗口、拖动 AP 元素、改变属性、效果、显示－隐藏元素、检查插件、检查表单、设置文本、调用 JavaScript、跳转菜单、跳转菜单开始、转到 URL 和预先载入图像等。

8.1.4 在网页文档中添加行为

可以将行为附加到整个文档（即附加到 <body> 标签），还可以附加到链接、图像、表单元素和多种其他 HTML 元素中。可以为每个事件指定多个动作。动作按照它们在"行为"面板的"动作"列中列出的顺序发生，而且可以更改发生的顺序。下面以"弹出信息"动作为例，讲解添加行为的具体操作步骤。

	素材文件	光盘 \ 素材 \ 第 8 章 \8.1.4\index.html
	效果文件	光盘 \ 效果 \ 第 8 章 \8.1.4\index.html
	视频文件	光盘 \ 视频 \ 第 8 章 \8.1.4　在网页文档中添加行为 .mp4

步骤 01 单击"文件"|"打开"命令，打开一个网页文档，如图8-3所示。

步骤 02 在文档下方，选择相应的图片，如图8-4所示。

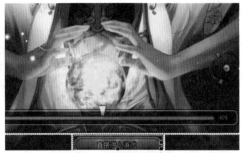

图8-3 打开一幅网页文档　　　　　　　图8-4 选择相应的图片

步骤 03 在"行为"面板中单击"添加行为" ➕ 按钮，并从弹出的列表中选择"弹出信息"选项，如图8-5所示。

步骤 04 在"弹出信息"对话框中输入相应的文字，此处输入文字"服务器正在维护中，请稍后再试"，如图8-6所示。

图8-5 选择"弹出信息"选项　　　　　图8-6 输入相应的文本内容

步骤 05 单击"确定"按钮，然后在"行为"面板的"事件"列表框中选择"onMouse Down"选项，如图8-7所示。

步骤 06 按【F12】键保存网页后，在弹出的IE浏览器中单击"直接进入游戏"按钮，如图8-8所示。

图8-7 选择"onMouse Down"选项　　　图8-8 单击"直接进入游戏"按钮

步骤 07 执行操作后，弹出提示信息框，单击"确定"按钮后即可返回，如图8-9所示。

图8-9 单击"确定"按钮

说明

"添加行为"菜单中显示为灰色的动作不可选择，它们显示灰色的原因可能是当前文档中缺少某个所需的对象。例如，如果文档不包含"跳转菜单"，则"跳转菜单"和"跳转菜单开始"动作将会变暗。

若要打开"事件"菜单，应在"行为"面板中选择一个事件或动作，然后单击显示在事件名称和动作名称之间的向下指向的黑色箭头。

8.2 运用行为制作网页特效

Dreamweaver CS6动作适用于大部分的浏览器，如果从Dreamweaver动作中手工删除代码，或将其替换为自己编写的代码，则可能会失去跨浏览器兼容性。虽然Dreamweaver动作已经过开发者的编写，并获得最大程度的跨浏览器兼容性，但是一些浏览器根本不支持JavaScript，而且许多浏览者会在浏览器中关闭JavaScript功能。为了获得最佳的跨平台效果，可提供包括在<noscript>标签中的替换界面，以使没有JavaScript功能平台的浏览器能够正常进入所开发的站点。

8.2.1 设置检查表单行为

"检查表单"行为可检查指定文本域的内容以确保浏览者输入的数据类型正确。通过onBlur事件将此行为附加到单独的文本字段，以便在填写表单时验证这些字段，或通过onSubmit事件将此行为附加到表单，以便在单击"提交"按钮的同时，计算多个文本字段。将此行为附加到表单可防止在提交表单时出现无效数据。

素材文件	光盘 \ 素材 \ 第 8 章 \8.2.1\index.html
效果文件	光盘 \ 效果 \ 第 8 章 \8.2.1\index.html
视频文件	光盘 \ 视频 \ 第 8 章 \8.2.1　设置检查表单行为 .mp4

步骤 01 单击"文件"|"打开"命令，打开一个网页文档，如图8-10所示。

步骤 02 在文档窗口中，选择"确定"按钮，如图8-11所示。

图8-10　打开网页文档　　　　　图8-11　选择"确定"按钮

步骤 03 展开"行为"面板，单击"添加行为"按钮 ，在弹出的列表中选择"检查表单"选项，如图8-12所示。

步骤 04 弹出"检查表单"对话框，在"域"下拉列表中依次选择password（密码）和password2（密码确认）表单，并在"可接受"选项区中选中"数字"单选按钮，即设置只能使用数字作为输入的密码，如图8-13所示。

图8-12　选择"检查表单"选项　　　　图8-13　"检查表单"对话框

步骤 05 单击"确定"按钮，返回"行为"面板，即可看到所添加的"检查表单"行为，如图 8-14 所示。

步骤 06 按【F12】键保存网页，在打开的浏览器中预览网页，如图 8-15 所示。

图8-14 添加"检查表单"行为

图8-15 预览网页

步骤 07 在"密码"和"确认密码"文本框中随意输入非数字文本，单击"确定"按钮，如图8-16所示。

步骤 08 弹出提示信息框，提示输入的密码格式错误，如图8-17所示。

图8-16 输入密码

图8-17 提示信息框

8.2.2 设置打开浏览器窗口行为

使用"打开浏览器窗口"行为可在一个新的窗口中打开页面，而且可以指定新窗口的属性（包括其大小）、特性（是否可以调整大小、是否具有菜单栏等）和名称。例如浏览者单击缩略图时，在一个单独的窗口中打开一个较大的图像，此时使用"打开浏览器窗口"行为可以使新窗口与该图像恰好一样大。

单击文档窗口底部的 <body> 标签，选择整个文档，如图 8-18 所示。展开"行为"面板，单击"添加行为"按钮 **+,**，在弹出的列表中选择"打开浏览器窗口"选项，如图 8-19 所示。

弹出"打开浏览器窗口"对话框，单击"浏览"按钮，弹出"选择文件"对话框，选择相应的图片文件，单击"确定"按钮，返回"打开浏览器窗口"对话框，选中"调整大小手柄"复选框，单击"确定"按钮，即可添加动作到"行为"面板中，如图 8-20 所示。按【F12】键保存网页，在打开的浏览器中预览网页，如图 8-21 所示。

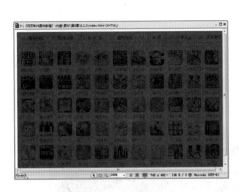

图8-18　选择整个文档

图8-19　选择"打开浏览器窗口"选项

图8-20　添加动作到"行为"面板

图8-21　在浏览器中预览网页

8.2.3　设置转到 URL 网页行为

"转到 URL"行为可在当前窗口或指定的框架中打开一个新网页。使用"转到 URL"动作，可以在当前页面中设置转到的 U R L。当页面中存在框架时，可以指定在目标框架中显示设定的 URL。

预览需要编辑的网页，如图 8-22 所示，在工作界面中展开"行为"面板，单击"添加行为"按钮 **+.**，在弹出的列表框中选择"转到 URL"选项，如图 8-23 所示。

图8-22　预览需要编辑的网页

图8-23　选择"转到URL"选项

弹出"转到 URL"对话框，单击"浏览"按钮，弹出"选择文件"对话框，选择相应的网页文档，依次单击"确定"按钮，返回"行为"面板，显示已添加的"转到 URL"行为，如图 8-24 所示。按【F12】键保存网页，在打开的浏览器中预览网页，同时，网页会自动转到设置的 URL 网页，如图 8-25 所示。

图8-24　显示"转到URL"行为

图8-25　自动转到URL网页

8.2.4　设置检查插件行为

使用"检查插件"行为可根据浏览者是否安装了指定的插件这一情况，而将这些插件转到不同的页面。例如，想让安装有 Shockwave 的浏览者转到某一页，而让未安装该软件的浏览者转到另一页。选择一个对象，然后从"行为"面板的"添加行为"菜单中选择"检查插件"选项，弹出"检查插件"对话框，如图 8-26 所示。

图8-26　"检查插件"对话框

不能使用 JavaScript 在 Internet Explorer 中检测特定的插件。但是，选择 Flash 或 Director 后会将相应的 VBScript 代码添加到页面上，以便在 Windows 的 Internet Explorer 中检测这些插件。Mac OS 上的 Internet Explorer 中不能实现插件检测。

在"检查插件"对话框中可进行如下操作：

（1）从"插件"菜单中选择一个插件，或选择"输入"单选按钮并在相邻的文本框中输入插件的确切名称。

（2）在"如果有，转到 URL"框中，为安装了该插件的浏览者指定一个 URL。如果指定的是远程 URL，则必须在地址中包括 http:// 前缀。如果保留该域为空，浏览者将留在同一页面上。

（3）在"否则，转到 URL"框中，为没有安装该插件的访问者指定一个替代 URL。如果保留该域为空，浏览者将留在同一页面上。

（4）指定无法检测插件时如何操作。默认情况下，当不能实现检测时，浏览者被转到"否则"框中列出的 URL。若要改为浏览者转到第一个（"如果有，转到 URL"）URL，则选中"如果无法检测，则始终转到第一个URL"复选框。选择此选项意味着"除非浏览器明确指示该插件不存在，否则即假定访问者安装了该插件"。

说明

一般而言，如果插件内容对页面来说是必需的，则选中"如果无法检测，则始终转到第一个URL"复选框。否则，取消选中该复选框。指定无法检测插件时的操作只适用于Internet Explorer，而Netscape Navigator在任何情况下都可以检测插件。

8.3 运用行为制作文本特效

使用各种不同的文本能够很好地美化网页，使浏览者能够区分不同的网页内容。本节将介绍状态栏文本、容器中的文本以及框架文本的设置方法。

8.3.1 设置状态栏文本行为

使用"设置状态栏文本"行为可在浏览器窗口左下角处的状态栏中显示消息。例如，可以使用此行为在状态栏中说明链接的目标，而不是显示与之关联的URL。

用户还可以在文本中嵌入任何有效的JavaScript函数调用、属性、全局变量或其他表达式。若要嵌入一个JavaScript表达式，应首先将其放置在大括号({})中，如图8-27所示。若要显示大括号，可在它前面加一个反斜杠(如 \{)。

The URL for this page is {window.location}, and today is {new Date()}.

图8-27 在文本中嵌入有效的JavaScript函数

在工作界面中，展开"行为"面板，单击"添加行为"按钮 ➕，在弹出的列表框选择"设置文本"|"设置状态栏文本"选项，弹出"设置状态栏文本"对话框，在"消息"文本框中输入内容，单击"确定"按钮，即可在"行为"面板中显示添加的状态栏文本动作，前后对比效果如图8-28所示。

图8-28 显示添加的状态栏文本动作

8.3.2 设置容器中的文本行为

使用"设置容器的文本"行为可将页面上的现有容器（即可以包含文本或其他元素的任何元素）的内容和格式替换为指定的内容，该内容可以包括任何有效的 HTML 源代码。

在工作界面中，展开"行为"面板，单击"添加行为"按钮 ，在弹出的列表中选择"设置文本"|"设置容器的文本"选项，弹出"设置容器的文本"对话框，在"新建 HTML"文本框中输入相应的文本，单击"确定"按钮，即可添加"设置容器的文本"行为，前后对比效果如图 8-29 所示。

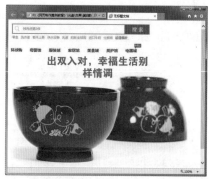

图8-29　添加"设置容器的文本"行为

8.3.3 设置框架文本行为

使用"设置框架文本"行为允许用户动态设置框架的文本，可用指定的内容替换框架的内容和格式设置。该内容可包含任何有效的 HTML 代码，使用此行为可动态显示信息。

用户可以在网页文档中，选择需要设置框架的文本内容，单击"窗口"|"框架"命令，展开"框架"面板，选择相应的框架，如图 8-30 所示，选择相应框架中的文本，展开"行为"面板，单击"添加行为"按钮 ，在弹出的列表中选择"设置文本"|"设置框架文本"选项。弹出"设置框架文本"对话框，在"新建 HTML"文本框中，可根据需要输入相应的文本内容，如图 8-31 所示，单击"确定"按钮，即可添加"设置框架文本"行为。

图8-30　选择相应的框架　　　　　　　图8-31　输入相应的文本

> **说明**
>
> 　　虽然"设置框架文本"行为会替换框架的格式设置，但可以选择"保留背景色"来保留页面背景和文本的颜色属性。

　　图 8-32 所示为打开的浏览器中预览的网页效果，当鼠标指针滑过相应框架时，即可改变其中的文本内容。

图8-32　设置框架文本行为后的效果

8.3.4　设置文本域文字行为

　　在 Dreamweaver CS6 中，可以通过"设置文本域文字"行为指定的内容替换表单文本域的内容。

　　在文档窗口中，选择相应的表单文本域，展开"行为"面板，单击"添加行为"按钮 ，在弹出的列表中选择"设置文本"|"设置文本域文字"选项，如图 8-33 所示。弹出"设置文本域文字"对话框，在"新建文本"文本框中可以输入相应的文本内容，如图 8-34 所示。设置完成后，单击"确定"按钮，即可添加"设置文本域文字"行为。

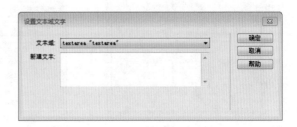

图8-33 选择"设置文本域文字"选项　　　　　　图8-34 输入相应的文本

图 8-35 所示为打开的浏览器中预览的网页效果，单击网页中的文本域，当鼠标指针离开文本域后，即可改变其中的文本内容。

图8-35 设置文本域文字行为后的效果

8.4 综合案例——制作健康网页

下面以制作健康网页效果为例，进行网页的编辑与设计操作，例如制作网页状态栏消息、交换网页图像的画面以及制作网页内容链接效果等内容，希望读者熟练掌握。

8.4.1 制作网页状态栏消息

下面向读者介绍进入网页时，网页下方状态栏消息的制作方法。

	素材文件	光盘 \ 素材 \ 第 8 章 \8.4.1\index.html
	效果文件	光盘 \ 效果 \ 第 8 章 \8.4.1\index.html
	视频文件	光盘 \ 视频 \ 第 8 章 \8.4.1　制作网页状态栏消息 .mp4

步骤 01 单击"文件"|"打开"命令，打开一个网页文档，如图8-36所示。

步骤 02 展开"行为"面板，单击"添加行为"按钮 **+**，在弹出的列表中选择"设置文本"|"设置状态栏文本"选项，弹出"设置状态栏文本"对话框，在"消息"文本框中输入内容，如图8-37所示。

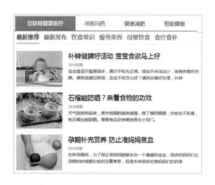

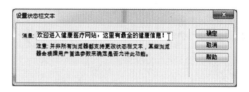

图8-36 打开网页文档　　　　　　　　　图8-37 输入相应的消息

步骤 03 单击"确定"按钮，即可在"行为"面板中显示添加的动作，如图8-38所示。

步骤 04 按【F12】键保存网页后，打开IE浏览器，即可看到网页下方状态栏的文本效果，如图8-39所示。

图8-38 添加动作　　　　　　　　　图8-39 状态栏文本效果

8.4.2 交换网页图像的画面

"交换图像"行为是通过更改 <img> 标签的 src 属性来实现将一个图像和另一个图像进行交换的。使用此行为可创建鼠标经过按钮的效果以及其他图像效果（包括一次交换多个图像效果）。下面介绍交换网页中图像画面的操作方法。

素材文件	光盘 \ 素材 \ 第 8 章 \8.4.2\index.html	
效果文件	光盘 \ 效果 \ 第 8 章 \8.4.2\index.html	
视频文件	光盘 \ 视频 \ 第 8 章 \8.4.2 交换网页图像的画面 .mp4	

步骤 01 在 8.4.1 节基础上，选择文档中的图像，如图 8-40 所示。

步骤 ⓪② 展开"行为"面板，单击"添加行为"按钮 ➕ ，在弹出的列表中选择"交换图像"选项，弹出"交换图像"对话框，单击"浏览"按钮，如图 8-41 所示。

图8-40 选择文档中的图像　　　　　图8-41 单击"浏览"按钮

步骤 ⓪③ 弹出"选择图像源文件"对话框，在其中选择需要交换的图像，如图 8-42 所示。

步骤 ⓪④ 单击"确定"按钮，返回"交换图像"对话框，继续单击"确定"按钮，如图 8-43 所示。

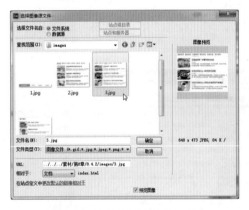

图8-42 选择需要交换的图像　　　　　图8-43 单击"确定"按钮

步骤 ⓪⑤ 即可在"行为"面板中添加"交换图像"行为，按【F12】键保存网页后，打开IE浏览器，将鼠标指针移至图像上，即可看到网页中交换的图像画面，如图8-44所示。

图8-44 看到网页中交换的图像画面

8.4.3 制作网页内容链接效果

如果需要从一个网页链接到另一个网页，可以使用"打开浏览器窗口"行为。下面介绍制作网页内容链接效果的操作方法。

素材文件	光盘 \ 素材 \ 第 8 章 \8.4.3\index.html	
效果文件	光盘 \ 效果 \ 第 8 章 \8.4.3\index.html	
视频文件	光盘 \ 视频 \ 第 8 章 \8.4.3 制作网页内容链接效果 .mp4	

步骤 01 在8.4.2节的基础上，单击文档窗口底部的<body>标签，选择整个文档，如图8-45所示。

步骤 02 展开"行为"面板，单击"添加行为"按钮 **+**，在弹出的列表框中选择"打开浏览器窗口"选项，弹出"打开浏览器窗口"对话框，单击"浏览"按钮，如图8-46所示。

图8-45 选择整个文档　　　　　　　　图8-46 单击"浏览"按钮

步骤 03 弹出"选择文件"对话框，选择相应的图片文件，单击"确定"按钮，返回"打开浏览器窗口"对话框，选中"需要时使用滚动条"和"调整大小手柄"复选框，单击"确定"按钮，即可添加动作到"行为"面板中，如图8-47所示。

步骤 04 按【F12】键保存网页，在打开的浏览器中预览网页，如图8-48所示。

图8-47 添加动作到"行为"面板　　　　图8-48 在浏览器中预览网页

小 结

本章主要学习了运用行为功能制作网页特效的操作方法，首先介绍了"行为"和"事件"的相关知识；然后介绍了运用行为命令制作网页和文本特效，主要包括设置检查表单行为、设置打开浏览器窗口行为、设置检查插件行为、设置状态栏文本行为以及设置容器中的文本行为等；最后以综合案例的形式，向读者介绍了健康网页的制作技巧，希望读者熟练掌握本章内容。

习 题 测 试

鉴于本章知识的重要性，为了帮助读者更好地掌握所学知识，下面将通过上机习题，帮助读者进行简单的知识回顾和补充。

	素材文件	光盘\素材\第8章\课后习题\index.html
	效果文件	光盘\效果\第8章\课后习题\index.html
	学习目的	掌握在网页中交换图像的操作方法

本习题需要掌握在网页中交换图像的操作方法，素材如图8-49所示，最终效果如图8-50所示。

图8-49 素材文件

图8-50 效果文件

第9章

绘制与编辑
Flash 图形

Flash 动画是网页设计中应用最广泛的动画格式，随着 Internet 的流行，Flash 已经成为广大计算机用户设计小游戏、发布产品演示、制作动感贺卡以及编制解析课件的首选软件。Flash CS6 以强大的矢量动画制作和灵活的交互功能，成为网页动画制作软件的主流，并占据了网络广告设计软件的主体地位。

本章主要内容

- 9.1 了解 Flash CS6 的工作界面
- 9.2 创建网页文本对象
- 9.3 绘制网页动画图形
- 9.4 编辑网页动画图形
- 9.5 综合案例——制作珠宝网页

9.1　了解 Flash CS6 的工作界面

Flash CS6是一款矢量图形和动画制作的专用软件，是"网页制作三剑客"（Dreamweaver、Photoshop、Flash）之一。在 Flash CS6 中可以使用各种元素（如面板、栏以及窗口）来创建和处理文件，这些元素组成的排列方式称为工作区。图 9-1 所示为 Flash CS6 的操作界面。

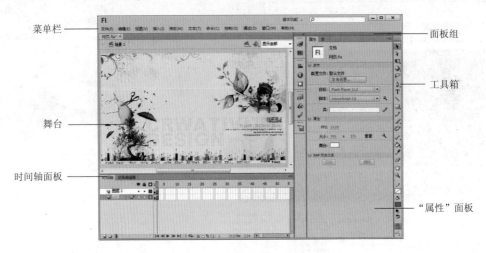

菜单栏　舞台　时间轴面板　面板组　工具箱　"属性"面板

图9-1　Flash CS6的操作界面

9.1.1　菜单栏

Flash CS6 的菜单栏中包括文件、编辑、视图、插入、修改、文本、命令、控制、调试、窗口和帮助 11 个菜单，如图 9-2 所示。单击各主菜单项都会弹出相应的下拉菜单，有些下拉菜单中还包括了下一级的子菜单。

文件(F)　编辑(E)　视图(V)　插入(I)　修改(M)　文本(T)　命令(C)　控制(O)　调试(D)　窗口(W)　帮助(H)

图9-2　菜单栏

下面介绍各个菜单命令的主要功能：

（1）"文件"菜单：用来管理文件，如新建、打开、保存和关闭文件等。

（2）"编辑"菜单：用于动画内容的编辑操作，如剪切、复制和粘贴等。

（3）"视图"菜单：用来对开发环境进行视觉上的设置，如放大、缩小、显示时间轴及工作区域和显示网格等命令。

（4）"插入"菜单：用于加入各种性质的操作，如插入符号、层等。

（5）"修改"菜单：用于修改各种性质的操作，如修改层、场景动画属性等操作。

（6）"文本"菜单：用于设置文字的字体、大小、风格、对齐方式和字符间距等属性。

（7）"命令"菜单：提供对各种命令的访问，收集了所有的附加命令项。

（8）"控制"菜单：用于对动画进行播放和测试。

（9）"调试"菜单：用于调试、修改影片。

（10）"窗口"菜单：用于打开、关闭、组织和切换各种窗口面板。

（11）"帮助"菜单：用于快速获得帮助，如查看手册、打开教程以及了解Flash CS6的新特性。

9.1.2 工具箱

工具箱是Flash中重要的工具组合，它包含了很多绘制和编辑矢量图形的各种操作工具，如图9-3所示，使用工具箱中的工具可以绘图、上色、选择和修改图形。

图9-3 工具箱

9.1.3 时间轴面板

时间轴是Flash动画编辑的基础，用于组织和控制一定时间内的图层和帧中的文档内容。与胶片一样，Flash文档也将时长分为帧。图层就像堆叠在一起的多张幻灯胶片一样，每个图层都包含一个显示在舞台中的不同图像。在时间轴底部显示的时间轴状态指示所选的帧编号、当前帧速率以及到当前帧为止的运行时间。在播放动画时，将显示实际的帧频，如果计算机不能足够快地计算和显示动画，则该帧频可能与文档的帧频设置不一致。

时间轴主要由图层、帧和播放头组成。文档中的图层列在时间轴左侧的列中，每个图层中包含的帧显示在该图层名右侧的一行中。时间轴顶部的时间轴标题指示帧编号。播放头指示当前在舞台中显示的帧。播放文档时，播放头从左向右通过时间轴。

时间轴位于"时间轴"面板中，按【Alt + F9】组合键，或单击"窗口"｜"时间轴"命令，即可打开图9-4所示的"时间轴"面板。

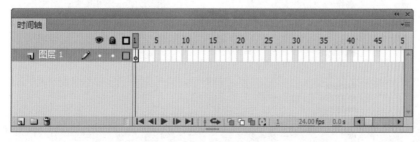

图9-4 "时间轴"面板

9.1.4　舞台

舞台是在创建 Flash 文档时放置动画对象的矩形区域,如图 9-5 所示,这些动画对象包括矢量图、文本框、按钮、导入的位图图像和视频剪辑。创作环境中的舞台相当于 Flash Player 或 Web 浏览器窗口中在播放期间显示文档的矩形空间。

图9-5　舞台

9.1.5　面板组

在 Flash CS6 中,比较常见的有"库"面板和各种浮动面板。在使用 Flash CS6 创建动画过程中浮动面板是最常用的,可以将有关对象和工具的所有相应参数放置在不同的浮动面板中,也可根据需要将相应的面板打开、关闭或移动。系统默认状态下,只显示"属性"面板和"库"面板,单击"窗口"菜单中的相关命令,可显示或隐藏相应的面板,如"行为""颜色""信息"和"样本"面板等。如果要显示"对齐"面板,则单击"窗口"|"对齐"命令,如图 9-6 所示,即可展开"对齐"面板,如图 9-7 所示。

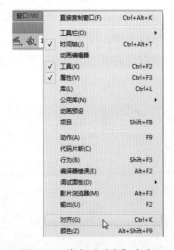

图9-6　单击"对齐"命令

图9-7　"对齐"面板

9.1.6 "属性"面板

使用"属性"面板可以轻松查看舞台或时间轴上当前选中内容的最常用属性，还可以更改对象或文档的属性。根据当前选择的内容，"属性"面板可以显示当前文档、文本、元件、形状、位图、视频、组、帧或工具的信息和设置选项。当选择了两个或多个不同类型的对象时，"属性"面板会显示选中对象的总数。

"属性"面板的使用频率较高，它是一个智能化的面板，可以根据用户当前所选定的工具或在舞台中选定的对象，自动显示与相应工具或对象相关联的选项，可在该面板中对工具或对象的属性直接进行设置。例如，选取工具面板中的铅笔工具，则"属性"面板如图9-8所示；而在舞台上选定所绘制的线条时，"属性"面板如图9-9所示。

图9-8　铅笔工具的"属性"面板

图9-9　线条形状的"属性"面板

9.2 创建网页文本对象

文字是动画创作不可缺少的组成元素，它可以辅助影片表述内容，合理和正确地用好文本可以使所创建的作品达到引人入胜的效果。Flash CS6中的文字是使用文本工具直接创建出来的对象，它是一种特殊的对象，具有图形组合和实例的某些特性，但又有自身的特性。文本既可作为运动渐变动画的对象，又可作为形状渐变动画的对象。本节主要向读者介绍创建网页文本对象的操作方法。

9.2.1 创建静态文本

使用Flash可以创建静态文本和动态文本，这些文本都支持Unicode。静态文本在发布的Flash中是无法修改的。

在Flash中确定需要创建文本的页面，如图9-10所示。选取工具箱中的文本工具 **T**，在"属性"面板中设置"系列"为"华康少女文字"、"大小"为36、"颜色"为白色，在文本类型列表框中选择"静态文本"选项，其他参数为默认值，如图9-11所示。

图9-10　确定需要创建文本的页面　　　　　　　　　图9-11　设置各参数

移动鼠标指针至舞台的左上部，当鼠标指针呈┼形状时，单击确认插入点，如图9-12所示。输入相应文本，然后在舞台任意位置单击，确认输入的文字，效果如图9-13所示，即可完成静态文本的创建。

图9-12　确认插入点　　　　　　　　　　　　图9-13　输入相应文本

> **说明**
>
> 传统文本是Flash Professional中早期文本引擎的名称。传统文本引擎在Flash Professional CS5和更高版本中仍可使用。传统文本对于某类内容而言可能更好一些，例如用于移动设备的内容，其中SWF文件大小必须保持在最小限度。不过，在某些情况下，对文本布局进行精细控制时，则需要使用新的TLF文本。

9.2.2　创建动态文本

动态文本是一种比较特殊的文本对象，文本会根据文本服务器的输入不断更新，如天气预报、每日新闻等。设计者可随时更新动态文本中的信息，即使在作品完成后也可以改变其中的信息。

在Flash CS6中，确定需要创建文本的页面，如图9-14所示。选择工具箱中的文本工具 T，在"属性"面板中，设置文本类型为"动态文本"、大小设置为36点、"颜色"设置为蓝色（#0033FF）、"系列"设置为"汉仪黑咪体繁"，如图9-15所示。

图9-14　确定需要创建文本的页面　　　　　　　图9-15　设置相应属性和参数

在舞台中下半部的合适位置，单击鼠标左键并拖动，创建一个动态文本框，如图9-16所示。输入相应文字后，按【Ctrl + Enter】组合键测试动画，效果如图9-17所示。

图9-16　创建一个动态文本框　　　　　　　　　图9-17　测试动态文本动画

9.2.3　创建输入文本

素材文件	光盘\素材\第9章\9.2.3.fla	
效果文件	光盘\效果\第9章\9.2.3.fla	
视频文件	光盘\视频\第9章\9.2.3　创建输入文本 .mp4	

步骤 01 单击"文件"|"打开"命令，打开一个动画文档，如图9-18所示。

步骤 02 选取工具箱中的文本工具 T，在"属性"面板中设置文本类型为"输入文本"、"大小"为14、"颜色"为黑色、"系列"为"黑体"，如图9-19所示。

图9-18　打开一个动画文档　　　　　　　　图9-19　设置字体参数

步骤 03 在舞台中的合适位置单击鼠标左键并拖动，创建一个输入文本框，并在其中输入"请输入用户名"，如图9-20所示。

步骤 04 用上述同样的方法在"密码"文本后方创建一个输入文本框，输入相应文本，如图9-21所示。

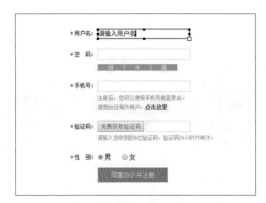

图9-20　创建一个输入文本框　　　　　　图9-21　再次创建一个输入文本框

步骤 05 在"属性"面板中的"行为"下拉列表中选择"密码"选项，如图9-22所示。

步骤 06 执行操作后，即可创建一个"密码"文本框，如图9-23所示。

图9-22　选择"密码"选项　　　　　　　图9-23　创建"密码"文本框

步骤 **07** 按【Ctrl+Enter】组合键测试动画，效果如图9-24所示。

图9-24　测试动画效果

9.3　绘制网页动画图形

在使用Flash CS6创建动画之前，常常需要绘制图形，然后在绘制的图形基础上进行动画创作，因为任何复杂的动画都是由单个图形对象组合而来的。在Flash CS6中，绘制图形的工具有线条、椭圆和矩形工具等。

9.3.1　应用线条工具绘图

线条工具是Flash CS6中使用方法最简单的工具，使用该工具可以绘制出各种样式的直线或任意直线图形。

在Flash CS6中，选取工具箱中的线条工具，在其"属性"面板中设置笔触颜色和笔触大小等参数，如图9-25所示。在舞台中的合适位置确认起始点，单击鼠标左键并拖动至合适位置再释放鼠标，即可绘制出一条或多条直线，如图9-26所示。

图9-25　设置笔触颜色和大小　　　　图9-26　绘制出一条或多条直线

9.3.2　应用椭圆工具绘图

使用椭圆工具可以绘制椭圆或正圆，并可设置椭圆或正圆的填充与线条颜色。图9-27

和图 9-28 所示分别为正圆和椭圆效果。

图9-27　正圆效果　　　　　　　　　　　　　　图9-28　椭圆效果

　　绘制对象是在叠加时不会自动合并在一起的单独的图形对象，这样在分离或重新排列形状的外观时，会使形状重叠而不会改变它们的外观。Flash 将每个形状创建为单独的对象，可分别进行处理。当绘画工具处于对象绘制模式时，使用该工具创建的形状为自包含形状。形状的笔触和填充不是单独的元素，并且重叠的形状也不会相互更改。选择用"对象绘制"模式创建的形状时，Flash 会在形状周围添加矩形边框来标识它。

　　使用椭圆工具可以创建这些基本形状，应用笔触和填充并指定圆角。除了"合并绘制"和"对象绘制"模式以外，椭圆工具和矩形工具还提供了"图元对象绘制"模式。使用基本矩形工具或基本椭圆工具创建矩形或椭圆时，与使用对象绘制模式创建的形状不同，Flash 会将形状绘制为独立的对象。基本形状工具可让用户使用属性检查器中的控件，指定矩形的角半径以及椭圆的起始角度、结束角度和内径。创建基本形状后，可以选择舞台上的形状，然后调整属性检查器中的控件来更改半径和尺寸。

9.3.3　应用矩形工具绘图

　　使用矩形工具 ▢ 可以绘制出正方形、矩形和圆角矩形。如果结合选择工具 ▸、部分选择工具 ▸ 及任意变形工具 ▦ 对矩形进行变形，可以绘制出十分漂亮又具有创意的图形。

说明
矩形角半径用于指定矩形的边角半径，可以在每个文本框中输入内径的数值。如果输入负值，则创建的是反半径。还可以取消选择限制角半径图标，然后分别调整每个角半径。

　　选取工具箱中的矩形工具 ▢，在"属性"面板中设置矩形的笔触颜色、填充颜色以及笔触样式后，在舞台中单击鼠标左键并拖动，即可绘制矩形对象，绘制矩形的前后对比效果如图 9-29 所示。

图9-29 绘制矩形对象的前后对比效果

9.4 编辑网页动画图形

针对图形对象的编辑是使用Flash制作动画的基本和主体工作，如对图形进行组合、分离、填充、扩展、收缩、柔化等操作，从而创建出各种精美的图形。本节主要介绍选择工具、套索工具、移动工具和缩放工具的使用方法。

9.4.1 选择网页图形对象

使用选择工具 可以选择全部对象，方法是Flash文档中单击某个对象或拖动对象以将其包含在矩形选取框内。在Flash CS6中，选取工具箱中的选择工具 ，将鼠标指针移至舞台中相应的图形上并右击，即可选择该图形，效果如图9-30所示。

图9-30 选择图形对象

9.4.2 运用套索选择图像

在Flash CS6中，使用套索工具可以精确地选择不规则图形中的任意部分，多边形工具适合选择有规则的区域，魔术棒用来选择相同的色块区域。

在工具箱中选取套索工具，将鼠标移至舞台中，单击鼠标左键并拖动，如图9-31所示。至合适位置后释放鼠标左键，即可在图形对象中选择需要的范围，如图9-32所示。

图9-31　单击鼠标左键并拖动

图9-32　选择需要的范围

> **说明**
>
> 　　在Flash CS6中，运用套索工具选择区域时，无法对图片素材中的区域进行局部选择操作，此时用户可以先分离图片，再进行局部区域的选择操作。

9.4.3　移动网页图形对象

　　在 Flash CS6 中，常见的移动对象的方法有以下 3 种：

　　(1)选取工具箱中的选择工具 ，选定要移动的对象后，使用"属性"面板中的"位置和大小"功能来实现对象的移动。

　　(2) 选取工具箱中的选择工具 ，在需要移动的对象上单击鼠标左键并拖动，至目标位置后释放鼠标即可。

　　(3) 选择舞台中的对象，按方向键对对象进行移动。

　　在工具箱中选取选择工具 ，在舞台中选择需要移动的图形对象，如图 9-33 所示。单击鼠标左键并拖动，至合适位置后释放鼠标，即可移动图像对象，效果如图 9-34 所示。

图9-33　选择图形对象

图9-34　移动图形对象

9.4.4　缩放网页图形对象

　　在 Flash　CS6 中，缩放工具用来放大或缩小舞台的显示大小，在处理图形的细微之处时，使用缩放工具可以帮助设计者完成重要的细节设计。选取缩放工具后，在工具箱中会显示"放大"和"缩小"按钮，可根据需要选择相应的按钮。

　　选取工具箱中的缩放工具 ，选取其中的"放大" 按钮，将鼠标移至需要放大的图形上并单击，即可放大图形，效果如图 9-35 所示。

图9-35 放大图形后的效果

9.5 综合案例——制作珠宝网页

下面以制作珠宝网页效果为例，进行网页的编辑与设计操作，如创建网页广告文本、移动广告文本位置、制作文本五彩特效等内容，希望读者熟练掌握。

9.5.1 创建网页广告文本

为网页中的图像添加广告文本，可以起到画龙点睛的效果，下面介绍创建网页广告文本的操作方法。

素材文件	光盘 \ 素材 \ 第 9 章 \9.5.1.fla	
效果文件	光盘 \ 效果 \ 第 9 章 \9.5.1.fla	
视频文件	光盘 \ 视频 \ 第 9 章 \9.5.1 创建网页广告文本 .mp4	

步骤 01 单击"文件"|"打开"命令，打开一个动画文档，如图9-36所示。

步骤 02 选取工具箱中的文本工具 **T**，在"属性"面板中设置"系列"为"叶根友毛笔行书2.0版"、"大小"为70、"颜色"为白色，在文本类型列表框中选择"静态文本"选项，其他参数为默认值，如图9-37所示。

图9-36 打开一个动画文档

图9-37 设置字体属性

步骤 03 移动鼠标至舞台的左下角位置，当鼠标指针呈 ⊤ 形状时，单击鼠标左键确认插入点，如图9-38所示。

步骤 04 输入相应文本，然后在舞台任意位置单击，确认输入的文字，效果如图9-39所示，即可完成静态文本的创建。

图9-38 单击鼠标左键确认插入点　　　　　　图9-39 确认输入的文字

9.5.2 移动广告文本位置

在Flash CS6中，如果用户对文本的位置不满意，可以使用移动工具调整文本的摆放位置，下面介绍移动广告文本位置的操作方法。

素材文件	光盘\素材\第9章\9.5.2.fla
效果文件	光盘\效果\第9章\9.5.2.fla
视频文件	光盘\视频\第9章\9.5.2 移动广告文本位置.mp4

步骤 01 在9.5.1节的基础上，在工具箱中选取选择工具 ，在舞台中选择需要移动的文本对象，如图9-40所示。

步骤 02 单击鼠标左键并拖动，至合适位置后释放鼠标，即可移动文本对象，效果如图9-41所示。

图9-40 选择文本对象　　　　　　图9-41 移动文本对象

9.5.3 制作文本五彩特效

在网页制作过程中，如果用户对网页中的文本字体颜色不满意，可通过"属性"面板更改字体的颜色属性。下面介绍更改广告文本字体颜色的操作方法。

素材文件	光盘 \ 素材 \ 第 9 章 \9.5.3.fla
效果文件	光盘 \ 效果 \ 第 9 章 \9.5.3.fla
视频文件	光盘 \ 视频 \ 第 9 章 \9.5.3 更改广告字体颜色 .mp4

步骤 **01** 在9.5.2节的基础上，选择文本内容，按【Ctrl＋B】组合键，所选文本被分离成多个文本，如图9-42所示 。

步骤 **02** 在舞台中选择第一个文本"珍"，在"属性"面板中更改字体的"颜色"为紫色，如图9-43所示。

图9-42 分离多个文本

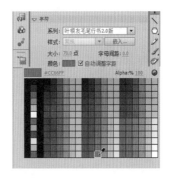

图9-43 更改"颜色"为紫色

步骤 **03** 执行操作后，即可预览更改颜色后的字体效果，如图9-44所示。

步骤 **04** 用同样的方法，更改其他文本颜色，制作五彩文本特效，如图9-45所示。

图9-44 预览字体效果

图9-45 五彩文本特效

小　　结

本章主要学习了绘制与编辑动画图形的方法，首先介绍了Flash的工作界面以及各组成部分，然后介绍了创建静态文本、创建动态文本、创建输入文本、应用线条工具、应用椭圆工具、应用矩形工具、应用选择工具以及应用套索工具等内容，最后以综合案例的形式，向读者介绍了珠宝网页的制作技巧，希望读者熟练掌握本章内容。

习 题 测 试

　　鉴于本章知识的重要性，为了帮助读者更好地掌握所学知识，下面将通过上机习题，帮助读者进行简单的知识回顾和补充。

素材文件	光盘\素材\第9章\课后习题.fla
效果文件	光盘\效果\第9章\课后习题.fla
学习目标	掌握复制图形对象的操作方法

　　本习题需要掌握复制图形对象的方法，素材如图9-46所示，最终效果如图9-47所示。

图9-46　素材文件　　　　　　　　图9-47　效果文件

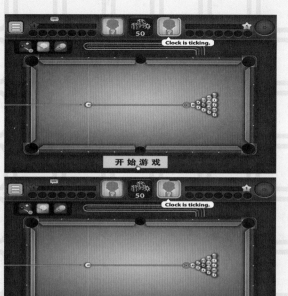

第10章

制作 Flash 动画
与特效

 本章引言

　　在 Flash CS6 中可以轻松地创建丰富多彩的动画效果，并且只需要通过更改时间轴每一帧中的内容，就可以在舞台上创作出移动对象、增加或减小对象大小、更改对象颜色、旋转对象、制作淡入淡出或更改形状等效果。本章主要向读者介绍制作 Flash 动画与网页特效的操作方法，希望读者熟练掌握本章内容。

本章主要内容

- 10.1 创建网页元件对象
- 10.2 在网页动画中应用实例
- 10.3 制作网页动画特效
- 10.4 综合案例——制作卡漫动画

10.1 创建网页元件对象

元件是 Flash 中一个非常重要的概念，元件使得 Flash 功能强大，是 Flash 动画体积变小的重要原因。元件是可以重复使用的图形、影片剪辑或按钮，每个元件都可以有自己的时间轴、场景和完整的图层。本节主要向读者介绍创建网页元件对象的操作方法。

10.1.1 元件类型

元件是被命名后放置在库中存储的对象，可以转换为元件的对象包括图片、文字、声音和视频等。相对于直接使用对象本身，元件只要创建一次，便可以重复使用。一个元件的多个实例只占用一个元件空间，可以减小文件的大小。并且，元件只需下载一次即可，使用元件可以加快 Flash 文件的播放速度。

使用元件也可以简化影片的编辑，当修改了某个元件后，使用此元件的其他对象便随之更新，避免了逐一更改的麻烦。元件有 3 种类型：影片剪辑元件、按钮元件和图形元件，如图 10-1 所示。

图10-1　元件类型

（1）影片剪辑元件：影片剪辑元件拥有自己的时间轴，它可以独立于主时间轴播放。运用它可以创建重复使用的动画片段，其本身就是一个小动画，可以将影片剪辑看作主影片内的小影片。

> **说明**
>
> 制作一个网站，决定它是制作为静态网页还是动态网页，主要取决于网站的主要功能和网站需求以及网站内容的多少，如果用户需要制作的网站功能比较复杂，内容更新量很大，则采用动态网页技术会更加合适，反之一般采用静态网页的方式来实现。

（2）按钮元件：使用按钮元件可以在影片中创建交互式按钮，通过事件触发它的动作。按钮元件有自己的时间轴，但被限定为 4 帧，或者说是按钮的 4 种状态，即"弹起""指针经过""按下"和"单击"。在每种状态下，都可以包含其他元件或声音等。除了最后一个状态外，其他 3 个状态中所包含的内容在影片播放时都可见或可听到，最后一种状态是确定激发按钮的范围。当用户创建了按钮后，就可以给按钮的实例分配动作。

（3）图形元件：图形元件主要用来制作动画中的静态图形。它没有独立可用的时间轴，也就是说放在图形元件中的动画、声音和脚本将被忽略。矢量图形在被导入到库中后，直接被转换为图形元件。图形元件很适用于静态图像的重复使用，或创建与主时间轴关联的动画。与影片剪辑或按钮元件不同，用户不能为图形元件提供实例名称，也不能在动作脚本中引用图形元件。

10.1.2 创建图形元件

在启动 Flash 时，系统会自动创建一个附属于动画文件的元件库。当创建新的元件时，系统会自动将所创建的元件添加到该库中。除此之外，还可以使用系统提供的元件，以及附属于其他动画的元件。每个元件都有自己的舞台、时间轴和层，可以像创建和编辑矢量图形一样创建和编辑所有元件。

单击"插入"|"新建元件"命令，如图 10-2 所示。弹出"创建新元件"对话框，在该对话框的"名称"文本框中输入"植物"，单击"类型"右侧的下三角按钮，在弹出的列表中选择"图形"选项，如图 10-3 所示，单击"确定"按钮，即可创建一个新的图形元件。

图10-2 单击"新建元件"命令

图10-3 选择"图形"选项

10.1.3 创建按钮元件

使用按钮元件可以创建响应鼠标单击、滑过或其他动作的互交式按钮，按钮实际上是 4 帧的交互影片剪辑。当为元件选择按钮行为时，Flash 会创建一个 4 帧的时间轴：前 3 帧显示按钮的 3 种可能状态；第 4 帧定义按钮的活动区域。时间轴实际上并不播放，它只是对指针运动和动作做出反应，跳到相应的帧。

按钮元件在时间轴上的每一帧都有一个特定的功能：

（1）第 1 帧是弹起状态，代表指针没有经过按钮时该按钮的状态。

（2）第 2 帧是指针经过状态，代表指针滑过按钮时该按钮的外观。

（3）第 3 帧是按下状态，代表单击按钮时该按钮的外观。

（4）第 4 帧是点击状态，定义响应鼠标单击的物理区域。只要在 Flash Player 中播放 swf 文件，此区域便不可见。

	素材文件	光盘 \ 素材 \ 第 10 章 \10.1.3.fla
	效果文件	光盘 \ 效果 \ 第 10 章 \10.1.3.fla
	视频文件	光盘 \ 视频 \ 第 10 章 \10.1.3 创建按钮元件 .mp4

步骤 01 单击"文件"|"打开"命令，打开一个动画文档，如图10-4所示。

步骤 02 单击"插入"|"新建元件"命令，弹出"创建新元件"对话框，在其中设置按钮名称，并设置"类型"为"按钮"，单击"确定"按钮，即可进入按钮元件编辑模式，在"时间轴"面板中可以查看图层中的4帧，如图10-5所示。

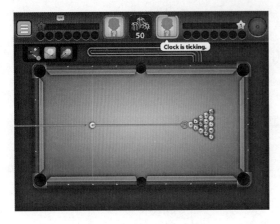

图10-4 打开一个动画文档　　　　　　　　　图10-5 查看图层中的4帧

步骤 03 在"库"面板中，选择"元件1"图形元件，将选择的"元件1"图形元件拖动至编辑区中，如图10-6所示。

步骤 04 选择"图层1"中的"指针经过"帧，按【F7】键，插入空白关键帧，如图10-7所示。

图10-6 拖动至编辑区中　　　　　　　　　图10-7 插入空白关键帧

步骤 05 在"库"面板中，将"元件2"图形元件拖动至编辑区适当位置，如图10-8所示。

步骤 06 选择"图层1"中的"按下"帧，按【F7】键，插入空白关键帧，如图10-9所示。

步骤 07 在"库"面板中，将"元件3"图形元件拖动至编辑区适当位置，如图10-10所示。

步骤 08 选择"图层1"中的"点击"帧，单击"插入"|"时间轴"|"帧"命令，在"图层1"的"点击"帧中，插入普通帧，如图10-11所示，完成按钮元件的创建。

图10-8　拖动至编辑区适当位置

图10-9　插入空白关键帧

图10-10　拖动至编辑区适当位置

图10-11　插入普通帧

　　步骤 09 在Flash CS6工作界面中，当用户创建好按钮元件后，就可以将其应用到舞台中。在"库"面板中选择创建的按钮元件，单击鼠标左键并将其拖动至舞台中的适当位置，即可使用按钮元件，按【Ctrl＋Enter】组合键测试按钮元件，效果如图10-12所示。

图10-12　测试按钮元件

10.1.4 转换图形为影片剪辑元件

在 Flash CS6 工作界面中，如果某一个动画片段在多个地方使用，这时可以把该动画片段制作成影片剪辑元件。和创建图形元件一样，在创建影片剪辑时，首先可以创建一个新的影片剪辑，然后在影片剪辑编辑区中对影片剪辑进行编辑。

在菜单栏中，单击"插入"|"新建元件"命令，弹出"创建新元件"对话框，在该对话框的"名称"文本框中输入"电器"，单击"类型"右侧的下三角按钮，在弹出的列表中选择"影片剪辑"选项，如图 10-13 所示，单击"确定"按钮，即可创建一个新的影片剪辑元件。

图10-13 选择"影片剪辑"选项

10.1.5 在不同的模式下编辑元件

Flash CS6 提供了 3 种方式编辑元件：在当前位置编辑元件、在新窗口中编辑元件和在编辑元件窗口中编辑元件。编辑元件时，Flash 将更新文档中该元件的所有实例，以反映编辑结果，可以使用任意绘图工具、导入介质或创建其他元件的实例。

1．在当前位置编辑

在舞台上直接编辑元件，舞台上的其他对象将以灰度显示，表示与当前元件的区别，如图 10-14 所示。被编辑元件的名称将显示在舞台顶端的标题栏中，位于当前场景名称的右侧。

图10-14 直接编辑元件

双击舞台上的元件实例，或在舞台上的元件实例上右击，在弹出的快捷菜单中选择"在当前位置编辑"命令，根据需要编辑元件。完成后要退出当前编辑模式，可单击位于舞台顶端标题栏左侧的"后退"按钮⇦，或单击场景名称即可。

2．在新窗口中编辑

在舞台上的元件实例上右击，在弹出的快捷菜单中选择"在新窗口中编辑"命令，如图 10-15 所示。用户根据需要编辑元件后，要退出新窗口返回场景工作区时，可单击右上角的"关闭"按钮✕，或单击"编辑"|"编辑文档"命令。

3. 在编辑元件窗口中编辑

单击"窗口"|"库"命令，展开"库"面板，双击"名称"列表框中相应元件前面的图标，如图10-15所示。即可在编辑元件窗口中打开该元件，如图10-16所示。单击位于舞台顶端标题栏左侧的"后退"按钮，即可退出编辑元件窗口，返回场景工作区。

图10-15　双击相应元件前面的图标

图10-16　在编辑元件窗口中打开该元件

10.1.6　复制与删除元件

一般情况下，将一个元件应用到场景中时，在场景时间轴上只需一个关键帧即可将元件的所有内容都包括进来，如按钮元件实例、动画片段实例及静态图片等。创建元件之后，在"库"面板中可以直接复制或删除元件。

在"库"面板中需要复制的元件上右击，在弹出的快捷菜单中选择"复制"命令，如图10-17所示，即可复制元件；在弹出的快捷菜单中选择"删除"命令，如图10-18所示，即可删除元件。

图10-17　选择"复制"命令

图10-18　选择"删除"命令

10.2　在网页动画中应用实例

创建元件之后，可以在文件中任何需要的地方应用该元件的实例。修改元件后，该元件所有的实例都会被更新，而使用实例属性修改实例的颜色效果、指定动作、显示模式或类型，则不会影响元件的属性。创建影片剪辑元件的实例与创建动态图形元件的实例不同。影片剪辑只需一个关键帧即可播放，而动态图形实例必须放在需要它出现的每一帧中。

10.2.1　创建实例

创建元件后，还可以在影片中的所需之处（包括在其他元件中）创建元件的实例。建立一个新元件实例的方法是从"库"面板中拖动一个元件到舞台，一旦创建一个元件，即可在影片中任何需要之处创建该元件的实例。

在"库"面板中，选择"元件2"元件，如图10-19所示。将其拖动至舞台中，即可创建该元件的实例，调整实例的大小和位置，效果如图10-20所示。

图10-19　选择"元件2"元件

图10-20　调整实例大小和位置

10.2.2　改变实例类型

在舞台上创建实例后，该实例最初的属性都继承了其链接的元素类型，在某些情况下，需要改变实例的类型来重新定义它在 Flash 应用程序中的行为。例如，如果一个图形实例包含用户想要独立于主时间轴播放的动画，可以将该图形实例重新定义为影片剪辑实例。

选取工具箱中的选择工具 ，选择需要修改的实例，如图10-21所示。在"属性"面板上单击"实例行为"按钮 ，在弹出的列表中选择"影片剪辑"选项，在"属性"面板中看到"按钮1"的类型变为"影片剪辑"，如图10-22所示，即可改变实例的类型。

图10-21　选择需要修改的实例　　　　　　图10-22　在面板中改变实例类型

10.2.3　分离实例

"分离"该实例可以断开实例与元件之间的链接，并把实例放入未组合形状和线条的集合中，这对于充分地改变实例而不影响其他实例非常有用。

选取工具箱中的选择工具 ，选择需要分离的实例，如图 10-23 所示。单击"修改"|"分离"命令，即可将舞台中的实例分离，效果如图 10-24 所示。

图10-23　选择需要分离的实例　　　　　　图10-24　将舞台中的实例分离

> **说明**
>
> 分离实例仅仅影响这个实例而不影响这个元件的其他实例，如果用户在分离实例后便更改了源文件，则该实例不会有任何变化。

10.2.4 查看实例信息

创建 Flash 动画时，特别是在处理同一元件的多个实例时，识别舞台上元件的特定实例是很困难的。用户可以使用"属性"面板或影片浏览器进行识别，"属性"面板会显示选定实例的元件名称，并有一个图标指明其类型（图形、按钮或影片剪辑）。

选取工具箱中的选择工具 ▶，选择需要修改的实例，展开"属性"面板，即可查看该实例的位置和大小等信息，如图 10-25 所示。单击"窗口"|"信息"命令，展开"信息"面板，移动鼠标指针至实例中的相应位置处，即可在"信息"面板中显示该实例注册点的位置、实例的红色（R）、绿色（G）、蓝色（B）和 Alpha（A）值（如果实例有实心填充），以及指针的位置等信息，如图 10-26 所示。

图10-25　"属性"面板中的信息　　　　　　图10-26　"信息"面板中的信息

10.2.5 修改实例颜色和透明度

每个元件实例都可以有自己的色彩效果，要设置实例的颜色和透明度选项，选择要改变颜色样式的实例，然后在"属性"面板的"样式"列表中选择相应的选项进行设置即可。在"样式"列表中包括"无""亮度""色调"、Alpha、和"高级"5 个选项，如图 10-27 所示，选择相应的选项，在弹出的面板中设置相应参数，即可修改实例颜色和透明度。

图10-27　"颜色样式"选项菜单

10.3　制作网页动画特效

在Flash中可以制作很多种类的动画，其中逐帧动画、遮罩动画以及形状动画等，是最简单、最基本和最常用的动画。本节主要向读者介绍制作网页动画特效的方法。

10.3.1　制作逐帧动画

逐帧动画在每一帧中都会更改舞台中的内容，它最适合于图像在每一帧中都不断变化且在舞台上移动的复杂动画，不仅可以通过在时间轴中更改连续的内容来实现，还可以在舞台中创作出各种简单的动画效果。使用逐帧动画技术，可以为时间轴中的每个帧指定不同的艺术作品。

素材文件	光盘 \ 素材 \ 第 10 章 \10.3.1.fla
效果文件	光盘 \ 效果 \ 第 10 章 \10.3.1.fla
视频文件	光盘 \ 视频 \ 第 10 章 \10.3.1　制作逐帧动画 .mp4

步骤 01 单击"文件"|"打开"命令，打开一个素材文件，如图10-28所示。

步骤 02 选择"图层2"图层中的第1帧，选取文本工具，在"属性"面板中，设置文本的字体、字号以及颜色等相应属性，如图10-29所示。

图10-28　打开一个素材文件　　　　　　　图10-29　设置文本属性

步骤 03 在舞台中创建文本框，并在其中输入相应的文本内容，如图10-30所示。

步骤 04 选取工具箱中的任意变形工具，适当旋转文本的角度，如图10-31所示。

图10-30 输入相应的文本内容

图10-31 适当旋转文本的角度

步骤 05 在"时间轴"面板的"图层2"图层中，选择第10帧，如图10-32所示。

步骤 06 按【F6】键，插入关键帧，如图10-33所示。

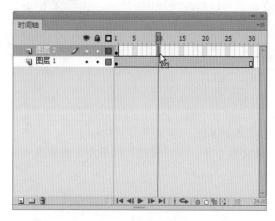

图10-32 选择第10帧   图10-33 插入关键帧

步骤 07 选取工具箱中的文本工具，在舞台中创建一个文本对象，如图10-34所示。

步骤 08 在"时间轴"面板的"图层2"图层中，选择第20帧，如图10-35所示。

步骤 09 插入关键帧，选取工具箱中的文本工具，在舞台中创建一个文本对象，如图10-36所示。

步骤 10 用同样的方法，在"图层2"图层的第30帧插入关键帧，创建一个文本对象，并适当旋转，如图10-37所示。

图10-34 创建一个文本对象

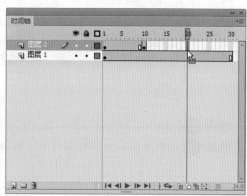

图10-35 选择第20帧

图10-36　创建一个文本对象　　　　　　　图10-37　适当旋转文本的角度

步骤 ⑪ 此时逐帧动画制作完成，在"时间轴"面板中可以查看制作的关键帧，如图10-38所示。

步骤 ⑫ 单击"文件"｜"保存"命令，如图10-39所示。

步骤 ⑬ 单击"控制"｜"测试影片"｜"测试"命令，测试制作的逐帧动画效果，如图10-40所示。

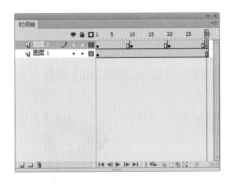

图10-38　查看制作的关键帧　　　　　　　图10-39　单击"保存"命令

图10-40　测试制作的逐帧动画效果

> **说明**
>
> 　　逐帧动画是一种常见的动画形式，其原理是在连续的关键帧中分解动画动作，与平时所看到的幻灯片效果类似，其实是多个画面的快速切换。

10.3.2　导入逐帧动画

　　逐帧动画会在每一帧改变舞台中的内容，即每一帧都是关键帧，它适用于帧内容有较大变化的情况下使用。当向 Flash CS6 中导入图像时，如果要导入的图像是多张名称具有连续编号的图像序列中的一张，此时 Flash 会弹出提示信息框，提示用户是否要导入序列中的所有图像，若单击"是"按钮，则将所有具有连续编号的图像作为一个图像序列导入。导入图像后，Flash CS6 会自动将每一幅图像添加到一个单独的关键帧中，形成一个逐帧动画。图 10-41 所示为在"时间轴"面板中导入的逐帧动画，舞台中显示了动画效果。

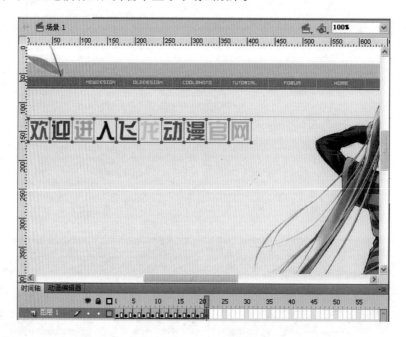

图10-41　导入的逐帧动画

10.3.3　制作遮罩层动画

　　在 Flash CS6 工作界面中，遮罩动画是指设置相应图形为遮罩对象，通过运动的方式显示遮罩对象下的图像效果。

　　在需要创建遮罩层的图层上右击，在弹出的快捷菜单中选择"遮罩层"命令，如图 10-42 所示。执行操作后，即可在"时间轴"面板中创建遮罩层，如图 10-43 所示。

　　按【Ctrl + Enter】组合键，可以预览创建的遮罩层动画效果，如图 10-44 所示。

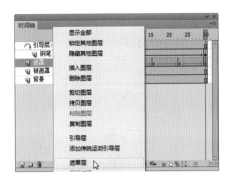

图10-42　选择"遮罩层"命令

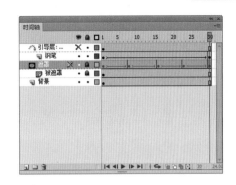

图10-43　创建遮罩层

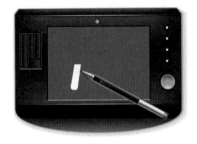

图10-44　预览创建的遮罩层动画效果

10.3.4　制作形状渐变动画

形状渐变动画（也称形状补间动画）是指通过在时间轴上的某个帧中绘制一个对象，在另一个帧中修改该对象或重新绘制其他对象，然后由 Flash 计算出两帧之间的差别并插入过渡帧，从而创建出形状渐变动画的效果。

在"时间轴"面板中需要创建形状动画的帧上右击，在弹出的快捷菜单中选择"创建补间形状"命令，如图 10-45 所示。执行操作后，即可创建补间形状动画，如图 10-46 所示。

按【Ctrl + Enter】组合键，可以预览创建的形状渐变动画效果，如图 10-47 所示。

图10-45　选择"创建补间形状"命令

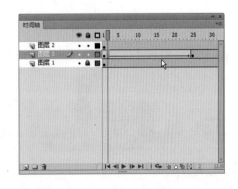

图10-46　创建补间形状动画

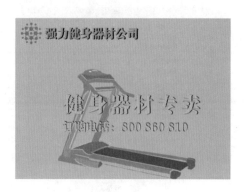

图10-47　预览创建的形状渐变动画效果

10.3.5　制作动作渐变动画

要制作动作渐变动画，首先需要创建好两个关键帧的状态，然后在关键帧之间创建动作关系。动作渐变效果主要依靠 Flash 的传统补间动画功能来完成。补间范围是时间轴中的一组帧，其中的某个对象具有一个或多个随时间变化的属性。动画渐变动画的过程很连贯，且制作过程也比较简单，只需在动画的第 1 帧和最后 1 帧中创建动画对象即可。

在"时间轴"面板中需要创建动作渐变的帧上右击，在弹出的快捷菜单中选择"创建传统补间"命令，如图 10-48 所示，即可创建动作渐变动画，如图 10-49 所示。

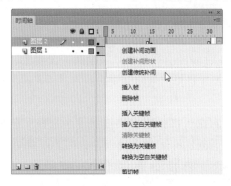
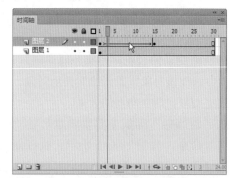

图10-48　选择"创建传统补间"命令　　　　图10-49　创建动作渐变动画

按【Ctrl+Enter】组合键，可以预览创建的动作渐变动画效果，如图 10-50 所示。

图10-50　预览创建的动作渐变动画效果

10.4 综合案例——制作卡漫动画

下面以制作卡漫动画效果为例，进行动画的编辑与设计操作，例如制作动画关键帧、制作传统补间动画、制作风车顺时针旋转动画等内容，希望读者熟练掌握。

10.4.1 制作动画关键帧

关键帧是指在动画播放过程中表现关键性动作或关键性内容变化的帧，关键帧定义了动画的变化环节，一般的动画元素都必须在关键帧中进行编辑。在"时间轴"面板中，关键帧以一个黑色实心圆点▉表示，下面向读者介绍制作动画关键帧的操作方法。

	素材文件	光盘 \ 素材 \ 第 10 章 \10.4.1.fla
	效果文件	光盘 \ 效果 \ 第 10 章 \10.4.1.fla
	视频文件	光盘 \ 视频 \ 第 10 章 \10.4.1　制作动画关键帧 .mp4

步骤 **01** 单击"文件"|"打开"命令，打开一个素材文件，如图10-51所示。

步骤 **02** 在"时间轴"面板中，选择"风车2"图层中的第50帧，如图10-52所示。

图10-51　打开一个素材文件

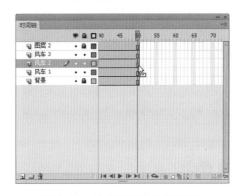

图10-52　选择图层中的第50帧

步骤 **03** 在该帧上右击，在弹出的快捷菜单中选择"插入关键帧"命令，如图10-53所示。

步骤 **04** 执行操作后，即可插入动画关键帧，效果如图10-54所示。

图10-53　选择"插入关键帧"命令

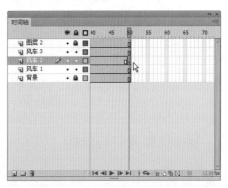

图10-54　插入动画关键帧

10.4.2 制作传统补间动画

用户可以通过"传统补间动画"功能制作图形的旋转动画特效，旋转动画就是某物体围绕着一个中心轴旋转，如风车的转动、电风扇的转动等，使画面由静态变为动态。下面向读者介绍制作传统补间动画的操作方法。

	素材文件	光盘 \ 素材 \ 第 10 章 \10.4.2.fla
	效果文件	光盘 \ 效果 \ 第 10 章 \10.4.2.fla
	视频文件	光盘 \ 视频 \ 第 10 章 \10.4.2 制作传统补间动画 .mp4

步骤 01 在10.4.1的基础上，选择"风车2"图层中的第1帧至第50帧之间的任意一帧，如图10-55所示。

步骤 02 在选择的帧上右击，在弹出的快捷菜单中选择"创建传统补间"命令，如图10-56所示。

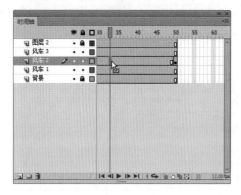

图10-55 选择相应的帧

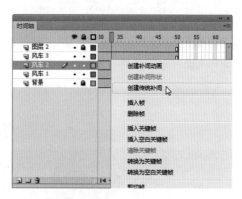

图10-56 选择"创建传统补间"命令

步骤 03 执行操作后，即可创建传统补间动画，如图10-57所示。

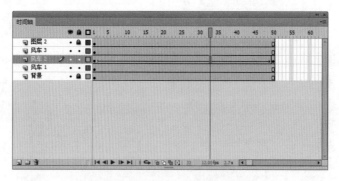

图10-57 创建传统补间动画

10.4.3 制作风车顺时针旋转

为图形制作传统补间动画后，在"属性"面板中可以设置图形的旋转方向，使制作的动画效果更加符合用户的需求。

	素材文件	光盘 \ 素材 \ 第 10 章 \10.4.3.fla
	效果文件	光盘 \ 效果 \ 第 10 章 \10.4.3.fla
	视频文件	光盘 \ 视频 \ 第 10 章 \10.4.3　制作风车顺时针旋转 .mp4

步骤 01 在10.4.2节的基础上，在"属性"面板"补间"选项区的"旋转"列表框中，选择"顺时针"选项，如图10-58所示。

步骤 02 用相同的方法，为"风车1"和"风车3"图层创建传统补间动画，"时间轴"面板如图10-59所示。

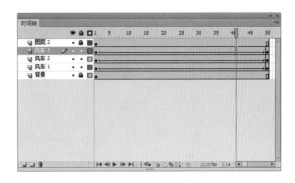

图10-58　选择"顺时针"命令　　　　　　图10-59　创建其他补间动画

步骤 03 按【Ctrl＋Enter】组合键测试制作的卡漫动画，效果如图10-60所示。

图10-60　测试制作的卡漫动画效果

小　结

本章主要学习了 Flash 动画与图形特效的制作，首先介绍了创建图形元件、创建按钮元件、转换图形为影片剪辑元件；然后介绍了在网页动画中应用实例、制作网页动画特效的操作方法；最后以综合案例的形式，向读者详细介绍了卡漫图形动画的制作技巧，希望读者熟练掌握本章内容。

习 题 测 试

鉴于本章知识的重要性，为了帮助读者更好地掌握所学知识，下面将通过上机习题，帮助读者进行简单的知识回顾和补充。

素材文件	光盘 \ 素材 \ 第 10 章 \ 课后习题 .fla	
效果文件	光盘 \ 效果 \ 第 10 章 \ 课后习题 .fla	
学习目标	掌握创建形状渐变动画的操作方法	

本习题需要掌握创建形状渐变动画的操作方法，最终效果如图 10-61 所示。

图10-61　效果文件

第11章

编辑网页图像
与文本

 本章引言

　　Photoshop CS6 是一款专门用于处理网页图像的软件。在绘图方面结合
了位图以及矢量图处理的特点，它不仅具备复杂的图像处理功能，并且还能
轻松地把图像输出到 Flash、Dreamweaver 以及第三方的应用程序中。本章主
要向读者介绍 Photoshop CS6 的工作界面，以及编辑网页图像与文本的操作
方法。

本章主要内容

- 11.1 了解 Photoshop 的工作界面
- 11.2 处理网页图像颜色
- 11.3 编辑网页图像选区
- 11.4 创建网页图像文本
- 11.5 综合案例——制作置业广告

11.1　了解 Photoshop 的工作界面

在 Windows 系统桌面上，单击"开始"|"所有程序"|"Adobe Photoshop CS6"命令，或双击桌面相应的 Adobe Photoshop CS6 快捷图标，启动 Photoshop CS6 应用程序，进入 Photoshop 工作窗口，打开一幅素材图像，其工作界面如图 11-1 所示，该界面由菜单栏、工具属性栏、工具箱、图像编辑窗口以及浮动面板等部分组成。

图11-1　Photoshop CS6工作界面

11.1.1　菜单栏

菜单栏位于标题栏的下方，由"文件""编辑""图像""图层""选择""滤镜""分析"、3D、"视图""窗口"和"帮助"11 个菜单项组成，单击各主菜单项都会弹出相应的下拉菜单，有些下拉菜单还包括下一级的子菜单，Photoshop CS6 中的绝大部分功能都可以利用菜单栏中的命令来实现。菜单栏如图 11-2 所示。

| 文件(F) | 编辑(E) | 图像(I) | 图层(L) | 文字(Y) | 选择(S) | 滤镜(T) | 3D(D) | 视图(V) | 窗口(W) | 帮助(H) |

图11-2　菜单栏

11.1.2　状态栏

状态栏位于图像编辑窗口的底部，用于显示当前图像的各种参数信息及当前所用的工具信息。状态栏由显示比例、文件信息和提示信息 3 部分组成。

状态栏左侧的文本框用于设置图像的显示比例，可以在该文本框中输入任意数值，按【Enter】键确认，即可改变图像的显示比例。状态栏右侧用于显示图像文件信息，单击状态栏中的小三角形按钮，可弹出一个显示文件信息的快捷菜单。

11.1.3　工具箱

工具箱默认在工作区的左侧，可以看作是最基本的工具栏，几乎所有的绘图和编辑工具都放在工具箱中，按照功能的不同分为6组，包括选择工具、网页工具、位图工具、矢量工具、视图工具和颜色工具，如图11-3所示。

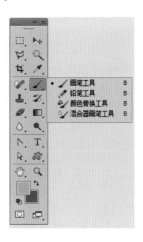

图11-3　工具箱

要选取工具组中的工具可以通过以下3种方法：

（1）按住【Alt】键的同时单击该复合工具按钮，每单击一次，即可切换一种工具，当选取的工具出现时，释放【Alt】键即可选取所需工具。

（2）移动鼠标指针至要选取的复合工具按钮处，按住鼠标左键不放，然后在弹出的工具组中选择相应工具即可。

（3）移动鼠标指针至要选取的复合工具按钮并右击即可弹出工具组，移动鼠标指针至要选取的工具处，单击鼠标左键即可选取该工具。

11.1.4　工具属性栏

工具属性栏一般位于菜单栏的下方，用于对相应的工具进行各种属性设置。工具属性栏提供了工具属性的选项，其显示内容根据所选工具的不同而发生变化，选择需要的工具后，工具属性栏将显示该工具可使用的功能和可进行的操作。例如，选取工具箱中的选择工具 后，工具属性栏中各选项及功能如图11-4所示。

图11-4　选择工具的工具属性栏

11.1.5　图像编辑窗口

在Photoshop CS6窗口中呈现灰色的区域为工作区，当编辑文档时，工作区中将增加图像编辑窗口，图像编辑窗口是创作作品的主要工作区域，图形的绘制及图像的编辑都在该区域中进行。在图像编辑窗口中可以实现所有Photoshop CS6中的功能，也可以对该窗口进行多种操作，如改变窗口大小和位置等。

11.1.6　浮动面板

浮动面板是大多数软件比较常用的一种面板呈现方式，主要用于对当前图像的颜色、图层、样式以及相关的属性进行设置和控制。

默认情况下，浮动面板是以面板组的形式出现的，位于工作界面的右侧，用户可以对其进行分离、移动和组合操作。当需要选择某个浮动面板时，单击浮动面板组中相应的标签；若要隐藏某个浮动面板窗口，可单击"窗口"菜单中相应的带 ✔ 标记的命令，或单击浮动面板窗口右上角的"关闭"按钮 ✖；若要重新启用被隐藏的面板，单击"窗口"菜单中相应的不带 ✔ 标记的命令即可。

11.2　处理网页图像颜色

在编辑网页图像时，其操作结果与前景色和背景色有着非常密切的关系。例如，使用画笔和油漆桶等工具在图像中进行绘画和填充选区时，使用的是前景色；在使用橡皮擦工具擦除图像的背景图层后，将使用背景色填充被擦除的区域。

11.2.1　设置前景色和背景色

系统默认状态下，前景色为黑色，背景色为白色，而在 Alpha 通道中，默认的前景色是白色、背景色是黑色。

单击工具箱下方的前景色色块 ▦，弹出"拾色器（前景色）"对话框，可以设置网页图像的前景色，如图 11-5 所示。

单击工具箱下方的背景色色块 ▦，弹出"拾色器（背景色）"对话框，可以设置网页图像的背景色，如图 11-6 所示。

图11-5　"拾色器（前景色）"对话框

图11-6　"拾色器（背景色）"对话框

11.2.2　使用菜单命令填充颜色

运用"填充"命令不但可以填充颜色，还可以填充相应的图案。除了运用软件自带的图案外，还可以用选区定义一个图案，并设置"填充"对话框中的各选项进行图案的填充。

选取工具箱中的魔棒工具 ，在图像编辑窗口中创建一个选区，如图11-7所示。单击工具箱下方的"设置前景色"色块 ，弹出"拾色器（前景色）"对话框，然后设置RGB参数依次为128、188、228，如图11-8所示。

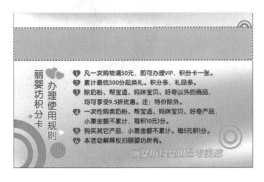

图11-7 创建一个选区　　　　　　　　图11-8 设置前景色参数

单击"确定"按钮，返回图像编辑窗口，单击"编辑"｜"填充"命令，弹出"填充"对话框，在"使用"列表中选择"前景色"选项，如图11-9所示。单击"确定"按钮，即可填充网页中的选区，效果如图11-10所示。

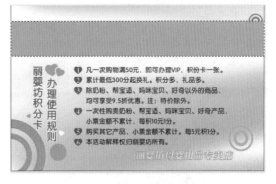

图11-9 选择"前景色"选项　　　　　　图11-10 填充网页中的选区

说明

在处理网页图像时，经常需要从图像中获取颜色。例如，要修补图像中的某一区域的颜色，则需要从该区域附近选择相似的颜色，此时用吸管工具可以很方便地获取颜色。

11.2.3 使用油漆桶工具设置颜色

油漆桶工具 可以快速、便捷地为图像填充颜色，填充的颜色以前景色为准。在图像中创建选区，设置好前景色参数，选取工具箱中的油漆桶工具 ，移动鼠标指针至图像的合适位置，如图11-11所示，多次单击即可填充颜色，效果如图11-12所示。

图11-11　移动鼠标指针至图像中　　　　　图11-12　用油漆桶填充颜色

11.2.4　使用渐变工具设置颜色

在 Photoshop　CS6 中，运用渐变工具 ▦ 可以对所选定的图像进行多种颜色的混合填充，从而达到增强图像的视觉效果。选取工具箱中的渐变工具 ▦，如图 11-13 所示。在工具属性栏中，单击"点按可编辑渐变"色块，弹出"渐变编辑器"对话框，设置"预设"为"前景色到背景色渐变"，如图 11-14 所示，单击"确定"按钮，将鼠标指针移至图像窗口的合适位置，拖动鼠标即可为图像填充渐变颜色。

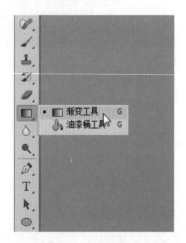

图11-13　选取渐变工具　　　　　　　　图11-14　设置预设颜色

11.3　编辑网页图像选区

因为 Photoshop 对选区有丰富的编辑功能，许多精美绝伦的网页图像效果也基于选区操作而得到，所以选区在 Photoshop 中占据着非常重要的地位。在 Photoshop　CS6 中，可将选区分为不规则选区、几何选区、颜色选区以及随意选区，每一种选区都有相对应的选择方法。要精通网页图像处理，必须深入理解这些选区工具的区别，并能灵活运用。

11.3.1　创建不规则选区

在 Photoshop　CS6 中，创建不规则选区主要使用套索工具。套索工具的优点在于能简单方便地创建复杂形状的选区，因此成为 Photoshop 中最常用的创建选区工具。

素材文件	光盘 \ 素材 \ 第 11 章 \11.3.1.jpg	
效果文件	光盘 \ 效果 \ 第 11 章 \11.3.1.jpg	
视频文件	光盘 \ 视频 \ 第 11 章 \11.3.1　创建不规则选区 .mp4	

步骤 01 单击"文件"|"打开"命令，打开一幅素材图像，选取工具箱中的磁性套索工具 ，将鼠标指针移至图像编辑窗口中，单击鼠标左键的同时并拖动，创建选区，如图11-15所示。

步骤 02 单击"图像"|"调整"|"色相/饱和度"命令，弹出"色相/饱和度"对话框，设置"色相"为128、"饱和度"为10，如图11-16所示，单击"确定"按钮。

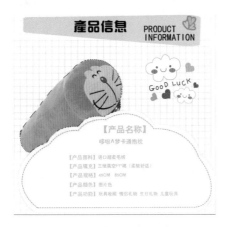

图11-15　创建不规则选区

图11-16　设置相应参数

步骤 03 执行上述操作后，即可调整图像的色相/饱和度，如图11-17所示。

步骤 04 按【Ctrl+D】组合键取消选区，效果如图11-18所示。

图11-17　调整图像色彩

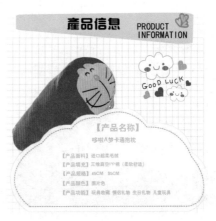

图11-18　取消选区

11.3.2 创建几何选区

在 Photoshop 中通过选框工具组中的矩形选框工具 ▢ 和椭圆选框工具 ○，可以绘制具有不同特点的几何选区。

选取矩形选框工具 ▢，创建一个矩形选区，如图 11-19 所示。按【Delete】键删除选区内的内容，即可显示下方图层中的图像内容，效果如图 11-20 所示。

图11-19　创建一个矩形选区　　　　　　图11-20　删除选区内的图像

11.3.3 羽化网页中的选区

在 Photoshop CS6 中，"羽化"命令的运用范围非常广泛，通常用户在合成图像时，运用"羽化"命令可以将选区的边缘柔化，使合成的图像看起来更加柔和，显得真实。

	素材文件	光盘 \ 素材 \ 第 11 章 \11.3.3.psd
	效果文件	光盘 \ 效果 \ 第 11 章 \11.3.3.psd
	视频文件	光盘 \ 视频 \ 第 11 章 \11.3.3　羽化网页中的选区 .mp4

步骤 01 单击"文件"|"打开"命令，打开一幅素材图像，如图11-21所示。

步骤 02 选择"图层2"图层，选取工具箱中的椭圆选框工具，移动鼠标指针至图像编辑窗口中的合适位置，创建一个椭圆选区，如图11-22所示。

图11-21　打开素材图像　　　　　　　图11-22　创建椭圆选区

步骤 03 单击"选择"|"修改"|"羽化"命令，弹出"羽化选区"对话框，设置"羽化半径"为5像素，如图11-23所示，单击"确定"按钮，即可羽化选区，单击"选择"|"反向"命令，即可反选选区。

步骤 04 执行上述操作后，按【Delete】键，即可删除选区内的图像，按【Ctrl+D】组合键取消选区，效果如图11-24所示。

图11-23　设置羽化半径　　　　　　　　图11-24　删除选区内的图像

> **说明**
>
> 在 Photoshop CS6 中，羽化选区可以使选区呈平滑收缩状态，同时虚化选区的边缘。

11.3.4　变换网页中的选区

通过"变换选区"命令可以直接改变选区的形状而不会对选取的内容进行更改。单击"选择"|"变换选区"命令，调出变换控制框，在变换控制框内右击，在弹出的快捷菜单中选择"扭曲"命令，如图 11-25 所示，拖动变换控制柄即可变换选区，效果如图 11-26 所示。

图11-25　选择"扭曲"命令　　　　　　　图11-26　变换选区对象

11.3.5　描边网页中的选区

在 Photoshop CS6 中，创建一个矩形选区，单击"编辑"|"描边"命令，弹出"描边"对

话框，可以设置描边的相应参数，如图 11-27 所示。

图11-27　设置描边的相应参数

说明

　　"描边"对话框中各主要选项的含义如下：

　　（1）宽度：设置该文本框中的数值可确定描边线条的宽度，数值越大线条越宽。

　　（2）颜色：单击颜色块，可在弹出的"拾色器"对话框中选择一种合适的颜色。

　　（3）位置：选择各个单选按钮，可设置描边线条相对于选区的位置。

　　（4）保留透明区域：如果当前描边的选区范围内存在透明区域，则选择该选项后，将不对透明区域进行描边。

　　图 11-28 所示为选区对象添加描边后的图像对比效果。

图11-28　为选区对象添加描边后的图像对比效果

11.4　创建网页图像文本

　　在网页设计中，文字是不可缺少的元素，它能够直接传递设计者要表达的信息，因此对文字的设计和编辑是不容忽视的。本节主要介绍创建网页图像文本效果的操作方法。

11.4.1 文字工具组

Photoshop 的文字处理能力很强，可以很方便地制作出各种文字特效，如图 11-29 所示。

图11-29 Photoshop制作的文字效果

在 Photoshop CS6 中，可以直接创建文字的工具有横排文字工具 **T** 和直排文字工具 **T**，它们可以创建不同的文字效果。图 11-30 所示为 Photoshop CS6 的文字工具组。

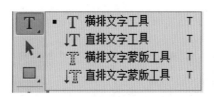

图11-30 Photoshop CS6的文字工具组

说明

　　在图像编辑窗口中输入文字后，单击工具属性栏上的"提交所有当前编辑"按钮，或者单击工具箱中的任意一种工具，确认输入的文字，单击工具属性栏上的"取消所有当前编辑"按钮，可以清除输入的文字。

11.4.2 创建横排文字

在 Photoshop CS6 中，输入横排文字的方法很简单，使用工具箱中的横排文字工具 **T** 或横排文字蒙版工具 **T**，即可在图像编辑窗口中输入水平排列的文字，系统还会自动在"图层"面板中创建一个文字图层。

	素材文件	光盘 \ 素材 \ 第 11 章 \11.4.2.jpg
	效果文件	光盘 \ 效果 \ 第 11 章 \11.4.2.psd
	视频文件	光盘 \ 视频 \ 第 11 章 \11.4.2　创建横排文字 .mp4

步骤 01 单击"文件"|"打开"命令，打开一幅素材图像，如图11-31所示。

步骤 02 在工具箱中，选取横排文字工具，如图11-32所示。

图11-31 打开一幅素材图像　　　　　　　　　图11-32 选取横排文字工具

步骤 03 在工具属性栏中设置文本的字体格式，将鼠标指针移至图像编辑窗口中的合适位置，单击并输入相应文字，如图11-33所示。

步骤 04 单击工具属性栏右侧的"提交所有当前编辑"按钮，即可完成横排文字的输入操作，效果如图11-34所示。

图11-33 输入相应文字　　　　　　　　　　图11-34 完成横排文字的输入操作

11.4.3　创建直排文字

选取工具箱中的直排文字工具 **T** 或直排文字蒙版工具 ，如图 11-35 所示，将鼠标指针移动到图像编辑窗口中，单击鼠标左键确定插入点，图像中出现闪烁光标之后，即可在图像编辑窗口中输入垂直排列的文字，如图 11-36 所示，系统还会在"图层"面板中自动创建一个文字图层。

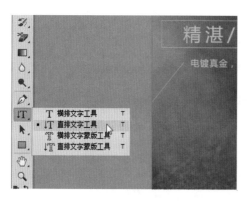

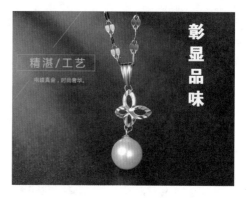

图11-35　选取直排文字工具　　　　　　　图11-36　输入垂直排列的文字

说明

在 Photoshop CS6 中，按【T】键也可以快速切换到文字工具。

11.4.4　设置文本格式

在 Photoshop CS6 中，用户可以在工具属性栏中设置相应的文本格式，也可以使用"字符"面板和"段落"面板来设置文本格式。

选取工具箱中的横排文字工具 **T**，选择需要设置属性的相应文字，如图 10-37 所示。单击"窗口"|"字符"命令，打开"字符"面板，在其中更改文本的字体、字号、颜色等属性，如图 10-38 所示。设置完成后，即可更改文字属性，效果如图 10-39 所示。

图10-37　选择相应文字　　　　图10-38　更改文本格式　　　　图10-39　更改文字属性

11.4.5　设置变形文字

平时看到的网页文字广告，很多都采用了变形文字的效果，因此显得更美观，很容易引起人们的注意。在 Photoshop CS6 中，通过"文字变形"对话框可以对选定的文字进行多种变形操作，使文字更加富有灵动感。对文字图层可以应用扭曲变形操作，可以使设计作品中的文字效果更加丰富。图11-40所示为网页中的变形文字效果。

图11-40　网页中的变形文字效果

	素材文件	光盘 \ 素材 \ 第 11 章 \11.4.5.psd
	效果文件	光盘 \ 效果 \ 第 11 章 \11.4.5.psd
	视频文件	光盘 \ 视频 \ 第 11 章 \11.4.5　设置变形文字 .mp4

步骤 01 单击"文件"|"打开"命令，打开一幅素材图像，如图11-41所示。

步骤 02 在"图层"面板中选择文字图层，单击"文字"|"文字变形"命令，如图11-42所示。

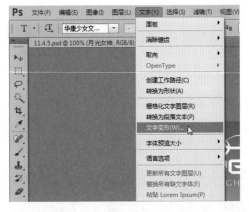

图11-41　打开一幅素材图像　　　　　　　图11-42　单击"文字变形"命令

步骤 03 执行操作后，弹出"变形文字"对话框，在"样式"列表中选择"旗帜"选项，如图11-43所示。

步骤 03 单击"确定"按钮，调整文字到合适位置，此时图像编辑窗口中的文字效果如图11-44所示。

说明

在"图层"面板的当前文字图层上右击，在弹出的快捷菜单中选择"变形文字"命令，也可弹出"变形文字"对话框。

图11-43　选择"旗帜"选项　　　　　　　　图11-44　变形后的文字效果

11.5　综合案例——制作置业广告

下面以制作置业广告效果为例,进行网页广告图像的编辑与设计操作,如制作置业图像广告、制作置业文字广告、制作图像描边特效等内容,希望读者熟练掌握。

11.5.1　制作置业图像广告

在网页广告中,图像占了非常重要的地位,一幅好的图像可以为广告锦上添花。下面向读者介绍制作置业图像广告的操作方法。

素材文件	光盘 \ 素材 \ 第 11 章 \11.5.1.psd	
效果文件	光盘 \ 效果 \ 第 11 章 \11.5.1.psd	
视频文件	光盘 \ 视频 \ 第 11 章 \11.5.1　制作置业图像广告 .mp4	

步骤 01 单击"文件"|"打开"命令,打开一幅素材图像,如图11-45所示。

步骤 02 在工具箱中选取矩形选框工具 ⬚ ,如图11-46所示。

图11-45　打开一幅素材图像　　　　　　　图11-46　选取矩形选框工具

步骤 03 将鼠标指针移至图像编辑窗口中的适当位置,单击鼠标左键并拖动,创建一个矩形选区,如图11-47所示。

步骤 **04** 按【Delete】键删除选区内的内容，即可显示下方图层中的图像内容，按【Ctrl＋D】组合键取消选取，效果如图11-48所示。

图11-47　创建一个矩形选区　　　　　　　　　图11-48　通过选区删除图像

11.5.2　制作置业文字广告

下面向读者介绍使用横排文字工具在图像编辑窗口中制作广告文字的方法，希望读者熟练掌握本案例的内容。

	素材文件	光盘＼素材＼第11章＼11.5.2.psd
	效果文件	光盘＼效果＼第11章＼11.5.2.psd
	视频文件	光盘＼视频＼第11章＼11.5.2　制作置业文字广告.mp4

步骤 **01** 在11.5.1节的基础上，在工具箱中选取横排文字工具，如图11-49所示。

步骤 **02** 将鼠标指针移至图像编辑窗口中的合适位置并单击，输入相应文字，如图11-50所示。

图11-49　选取横排文字工具　　　　　　　　　图11-50　输入相应文字

步骤 **03** 选择输入的文字内容，在"字符"面板中设置"字体系列"为"华康海报体W12"、"字体大小"为15点、"字体颜色"为蓝色（RGB参数值分别为48、0、255），如图11-51所示。

步骤 **04** 单击工具属性栏右侧的"提交所有当前编辑"按钮，即可完成横排文字的输入操作，效果如图11-52所示。

图11-51　设置文本格式

图11-52　制作置业广告文字

11.5.3　制作图像描边特效

为图像添加描边效果，可以使描边内的图像内容更加突出、醒目，下面介绍制作图像描边特效的方法。

素材文件	光盘 \ 素材 \ 第 11 章 \11.5.3.psd
效果文件	光盘 \ 效果 \ 第 11 章 \11.5.3.psd
视频文件	光盘 \ 视频 \ 第 11 章 \11.5.3　制作图像描边特效 .mp4

步骤 01 在11.5.2节的基础上，选择"图层0"图层，如图11-53所示。

步骤 02 选取矩形选框工具，在图像上绘制一个矩形选区，如图11-54所示。

图11-53　选择"图层0"图层

图11-54　绘制一个矩形选区

说明

选区用于分离图像的一个或多个部分。通过选择特定区域，用户可以编辑效果和滤镜并将其应用于图像的局部，同时保持未选定区域不会被改动。

在 Photoshop CS6中创建选区后，使用【↑】【↓】【←】以及【→】键可以移动当前选区，每按一次键可以将选区向指定方向移动 1 个像素。

步骤 03 单击"编辑"|"描边"命令，弹出"描边"对话框，在其中设置"宽度"为5像

素、"颜色"为蓝色（RGB参数值分别为37、22、151），如图11-55所示。

步骤 04 设置完成后，单击"确定"按钮，即可为选区描边，按【Ctrl＋D】组合键取消选取，效果如图11-56所示。

图11-55　设置相应参数

图11-56　为图像描边的效果

小　　结

本章主要学习了在 Photoshop CS6 中编辑网页图像与文本的操作方法，首先介绍了 Photoshop 工作界面，然后介绍了设置前景色和背景色、使用油漆桶工具设置颜色、使用渐变工具设置颜色、创建不规则选区、创建几何选区、变换网页中的选区、创建横排文字以及直排文字的操作方法；最后以综合案例的形式，向读者详细介绍了置业广告的制作技巧，希望读者熟练掌握本章内容。

习 题 测 试

鉴于本章知识的重要性，为了帮助读者更好地掌握所学知识，下面将通过上机习题，帮助读者进行简单的知识回顾和补充。

	素材文件	光盘 \ 素材 \ 第 11 章 \ 课后习题 a.png、课后习题 b.png
	效果文件	光盘 \ 效果 \ 第 11 章 \ 课后习题 .psd、课后习题 .png
	学习目标	掌握羽化选区的操作方法

本习题需要掌握羽化选区的操作方法，素材如图 11-57 所示，最终效果如图 11-58 所示。

图11-57　素材文件1

图11-58　素材文件2

第12章

修饰与调整
网页图像

 本章引言

　　Photoshop CS6 作为一款图像处理软件，绘图和图像处理是它的主要功能，用户可以通过修饰工具修饰图像、调整图像的颜色、编辑与管理切片图像等操作调整与编辑图像，以此来优化图像的质量，设计出更好的网页图像作品。本章主要向读者介绍修饰与调整网页图像的操作方法。

本章主要内容

- 12.1 网页图像修饰工具
- 12.2 网页图像的颜色
- 12.3 编辑与管理切片图像
- 12.4 优化网页图像
- 12.5 综合案例——制作手表广告

12.1 网页图像修饰工具

在使用Photoshop对网页图像进行合成和处理过程中，经常遇到由于失误或者其他原因而需要对图像进行调整与修饰操作。

12.1.1 修饰类工具

修饰图像是指通过设置画笔笔触参数，在图像上涂抹以修饰图像中的细节部分。修饰图像工具包括模糊工具、锐化工具和涂抹工具。修饰工具组中各工具主要功能如下：

（1）模糊工具 ：使用模糊工具可以将选区图像变得模糊，而未被模糊的图像将显得更加突出、清晰。

（2）锐化工具 ：锐化工具的作用与模糊工具 刚好相反，其用于锐化推行的相应像素，使被操作区域更加清晰。

（3）涂抹工具 ：涂抹工具可以用来混合颜色。使用涂抹工具 可以从单击处开始，将它与鼠标指针经过处的颜色混合。

> **说明**
>
> 对于不同的浏览器，对同一标记符可能会有不完全相同的解释，因而可能会有不同的显示效果。

选取工具箱中的模糊工具 ，在工具属性栏中设置"画笔"为"柔角200像素"，移动鼠标指针至图像编辑窗口中，单击鼠标左键并拖动，即可模糊图像，前后效果分别如图12-1和图12-2所示。

图12-1　素材原图　　　　　　　　　　图12-2　模糊后的图像

12.1.2 擦除类工具

擦除工具用于擦除背景或图像，包括橡皮擦工具 、背景橡皮擦工具 和魔术橡皮擦工具 3种。橡皮擦工具和魔术橡皮擦工具可以将图像区域擦除为透明或用背景色填充，背景橡皮擦工具可以将图层擦除为透明的图层。

擦除工具组中各工具主要功能如下：

（1）橡皮擦工具 ：运用橡皮擦工具可将图像擦除至工具箱中的背景色，并可将图像还原到"历史记录"面板中图像的任何一个状态。

（2）背景橡皮擦工具 ：利用背景橡皮擦工具可将图层上的颜色擦除成透明，同时保留对象边缘。

（3）魔术橡皮擦工具 ：利用魔术橡皮擦工具可根据颜色的近似程度来确定擦除的图像范围。

说明

选取工具箱中的橡皮擦工具，在工具属性栏的"模式"列表框中，可以选择橡皮擦的类型，包括画笔、铅笔和块。选择不同的橡皮擦类型时，工具属性栏也不同，选择"画笔""铅笔"选项时，与画笔和铅笔工具的用法相似，只是绘画和擦除的区别；选择"块"选项，就是一个方形的橡皮擦。

下面以比较常用的橡皮擦工具 为例进行讲解。选取工具箱中的橡皮擦工具 ，在工具属性栏中设置"画笔"为30像素，将移动鼠标指针至图像编辑窗口中，单击鼠标左键并拖动，擦除左下角的图像，前后效果分别如图12-3和图12-4所示。

图12-3　素材原图　　　　　　　　图12-4　擦除后的图像

12.1.3　图章类工具

图章工具用于取样和复制图像，包括仿制图章工具 和图案图章工具 ，图章工具组中各工具主要功能如下：

（1）图案图章工具 ：使用该工具可以复制定义好的图案，它能在目标图像上连续绘制图像。

（2）仿制图章工具 ：使用该工具可以从图像中取样，然后将样本应用到其他图像或同一图像的其他部分。

选取工具箱中的仿制图章工具 ，将鼠标指针放至图像编辑窗口中的适当位置处，按住【Alt】键的同时单击，如图12-5所示。释放【Alt】键，在合适位置单击并拖动，涂抹图像，即可将取样点的图像复制到涂抹的位置上，如图 12-6 所示。

图12-5　进行取样　　　　　　　　　　　图12-6　修复图像

说明

选取图案图章工具，并在工具属性栏中选中"印象派效果"复选框，在图像中拖动鼠标进行喷涂的艺术效果是随机产生的，没有一定的规则。

选取仿制图章工具后，可以在工具属性栏上对仿制图章的属性，如画笔大小、模式、不透明度和流量进行相应的设置，经过相关属性的设置后，使用仿制图章工具所得到的效果也会有所不同。

12.1.4　修复类工具

修复工具包括修复画笔工具 、修补工具 、污点修复画笔工具 、红眼工具 等，修复工具常用于修复图像中的杂色或污斑。修复工具组中的各工具作用如下：

（1）修复画笔工具 ：使图像中与被修复区域相似的颜色区修复图像，其使用方法与仿制图章工具完全相同。

（2）修补工具 ：修补工具的工作原理与修复画笔工具一样，唯一的区别是在使用该工具进行操作时，需要像使用套索工具一样绘制一个选区，然后通过将该区域内的图像拖动到目标位置，完成对目标区域的修复。

（3）污点修复画笔工具 ：用于快速修复图像中的斑点、色块、污迹、霉变和划痕等小面积区域。

（4）红眼工具 ：在使用照相机拍摄照片时，会发生闪光灯的光线给人物眼睛造成反光斑点的情况，这种情况被称为红眼现象，而使用红眼工具便可消除此现象。

修复工具组中的几种工具作用虽然有所不同，但使用方法基本相同。下面以修复画笔工具 为例进行讲解，向读者介绍使用修复画笔工具修复图像的操作方法。

选取工具箱中的修复画笔工具 ，移动鼠标指针至图像编辑窗口中，按住【Alt】键的同时，在图像的相应位置处单击进行取样，如图 12-7 所示。释放【Alt】键确认取样，在图像需要修复的位置处单击并拖动，即可修复图像，效果如图 12-8 所示。

图12-7　进行取样

图12-8　修复图像

12.1.5　调色类工具

调色工具包括减淡工具 、加深工具 和海绵工具 3 种，减淡工具和加深工具是用于调节图像特定区域的传统工具，可使图像区域变亮或变暗，海绵工具可以精确地更改选取图像的色彩饱和度。调色工具组中的各工具作用如下：

（1）减淡工具 ：使用减淡工具可以加亮图像的局部，通过提高图像选区的亮度来校正曝光，此工具常用于修饰人物照片与静物照片。

（2）加深工具 ：加深工具与减淡工具恰恰相反，使用加深工具在图像上进行涂抹时，可使图像中被操作的区域变暗。

（3）海绵工具 ：海绵工具为色彩饱和度调整工具，使用海绵工具可以精确地更改选取图像的色彩饱和度，其"模式"包括"饱和"与"降低饱和度"两种。

> **说明**
>
> 当图像处于灰度模式时，海绵工具 可以通过使灰阶远离或靠近中间灰色，来增加或降低图像的对比度，海绵工具不能应用于索引颜色和位图颜色模式下的图像。

调色工具组中的几种工具作用虽然有所不同，但使用方法基本相同。下面以海绵工具 为例进行讲解，向读者介绍使用海绵工具调整图像颜色的操作方法。

在图像编辑窗口中，确认需要调整的图像画面，如图 12-9 所示。选取工具箱中的海绵工具 ，在工具属性栏中设置"流量"为 100%，在图像编辑窗口中涂抹，即可降低图像饱和度，效果如图 12-10 所示。

图12-9　素材图像画面

图12-10　降低图像饱和度

12.2 网页图像的颜色

色彩是网页制作的重点，而 Photoshop CS6 拥有多种强大的颜色调整功能，使用"曲线""亮度／对比度"等命令可以轻松调整图像的色相、饱和度、对比度和亮度，修正有色彩失衡、曝光不足或过度等缺陷的图像，甚至能为黑白图像上色，制作出更多特殊网页图像效果。

12.2.1 查看网页图像的颜色

"信息"面板与颜色取样器工具可用来读取图像中任意像素的颜色参数值，从而客观地分析颜色校正前后图像的状态。在使用各种色彩调整对话框时，"信息"面板都会显示像素的两组颜色参数值，即像素原来的颜色参数值和调整后的颜色参数值，而且还可以使用颜色取样器工具 🖋️ 查看单独像素的颜色信息，如图 12-11 所示。

图12-11　查看单独像素的颜色信息

12.2.2 调整网页图像的色彩

使用"亮度／对比度"命令可以调整网页图像的亮度和对比度色彩，"亮度／对比度"命令对单个通道不起作用，该调整方法不适用于高精度输出。下面向读者介绍调整网页图像色彩的操作方法。

	素材文件	光盘 \ 素材 \ 第 12 章 \12.2.2.jpg
	效果文件	光盘 \ 效果 \ 第 12 章 \12.2.2.jpg
	视频文件	光盘 \ 视频 \ 第 12 章 \12.2.2　调整网页图像的色彩 .mp4

步骤 ① 单击"文件"｜"打开"命令，打开一幅素材图像，如图12-12所示。

步骤 ② 单击"图像"｜"调整"｜"亮度/对比度"命令，如图12-13所示。

步骤 ③ 弹出"亮度/对比度"对话框，设置"亮度"为50、"对比度"为40，如图12-14所示。

步骤 ④ 单击"确定"按钮，即可调整图像亮度和对比度，效果如图12-15所示。

图12-12 打开素材图像

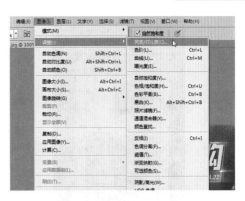

图12-13 单击"亮度/对比度"命令

图12-14 "亮度/对比度"对话框

图12-15 调整图像亮度和对比度后的效果

说明

"亮度／对比度"对话框中各主要选项的含义如下：

（1）亮度：用于调整图像的亮度。该值为正时增加图像亮度，为负时降低亮度。

（2）对比度：用于调整图像的对比度。正值时增加图像对比度，负值时降低对比度。

12.2.3 调整网页图像的色调

"色彩平衡"命令主要是通过增加或减少处于高光、中间调及阴影区域中的特定颜色，改变图像的整体色调。下面向读者介绍通过"色彩平衡"命令调整网页图像色调的方法。

素材文件	光盘 \ 素材 \ 第 12 章 \12.2.3.jpg
效果文件	光盘 \ 效果 \ 第 12 章 \12.2.3.jpg
视频文件	光盘 \ 视频 \ 第 12 章 \12.2.3 调整网页图像的色调 .mp4

步骤 01 单击"文件"｜"打开"命令，打开一幅素材图像，如图12-16所示。

步骤 02 选择"背景"图层，单击"图像"｜"调整"｜"色彩平衡"命令，如图12-17所示。

步骤 03 弹出"色彩平衡"对话框，设置"色阶"为15、-100、-100，如图12-18所示。

步骤 04 单击"确定"按钮，即可调整图像偏色，效果如图12-19所示。

图 12-16 打开素材图像　　　　　图 12-17 单击"色彩平衡"命令

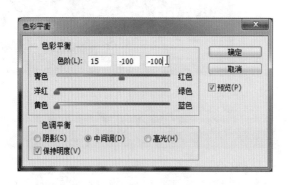

图12-18 设置各参数　　　　　图12-19 调整偏色后的图像效果

> **说明**
>
> 　　在Photoshop CS6中，按【Ctrl + B】组合键，或者在"图像"菜单下，依次按键盘上的【J】【B】键，也可以弹出"色彩平衡"对话框。

12.3 编辑与管理切片图像

　　切片主要用于定义一幅图像的指定区域，一旦定义好切片，这些图像区域就可用于模拟动画和其他的图像效果。本节主要向读者介绍编辑与管理切片图像的操作方法。

12.3.1 切片对象的种类

　　切片分为3种类型，即用户切片、自动切片和子切片，如图12-20所示。

图12-20 创建的切片

在 Photoshop CS6 中，各种类型切片的主要含义如下：

（1）用户切片：使用切片工具创建出来的切片。

（2）自动切片：使用切片工具创建用户切片区域时，在用户切片区域之外的区域将自动生成自动切片。每次添加或编辑用户切片时，都重新生成自动切片。

（3）子切片：是自动切片的一种类型。当用户切片发生重叠时，重叠部分会生成新的切片，这种切片称为子切片。子切片不能在脱离切片存在的情况下独立选择或编辑。

12.3.2　创建切片

从图层中创建切片时，切片区域将包含图层中的所有像素数据，如果移动该图层或编辑其内容，切片区域将自动调整以包含改变后图层的新像素。

用户在处理需要创建切片的网页画面时，如图 12-21 所示，可以先选取工具箱中的切片工具，拖动鼠标至图像编辑窗口中的合适位置，单击并向右下方拖动，即可创建一个用户切片，如图 12-22 所示。

图12-21　处理需要创建切片的网页

图12-22　创建一个用户切片

说明

在 Photoshop 和 ImageReady 中都可以使用切片工具定义切片或将图层转换为切片，也可以通过参考线来创建切片。此外，ImageReady 还可以将选区转化为定义精确的切片。在要创建切片的区域上按住【Shift】键并拖动鼠标，可以将切片限制为正方形。

12.3.3　创建自动切片

使用切片工具创建用户切片区域时，在用户切片区域之外的区域将生成自动切片。每次添加或编辑用户切片时，都重新生成自动切片。

在处理需要创建自动切片的网页画面时，如图 12-23 所示，可以先选取工具箱中的切片工具，拖动鼠标至图像编辑窗口中的中间，单击并向右下方拖动，创建一个用户切片，同时自动生成自动切片，如图 12-24 所示。

图12-23　处理需要创建自动切片的网页　　　　图12-24　自动生成自动切片

说明

用户可以将两个或多个切片组合为一个单独的切片，Photoshop CS6 通过连接组合切片的外边缘创建的矩形来确定所生成切片的尺寸和位置。如果组合切片不相邻，或者比例、对齐方式不同，则新组合的切片可能会与其他切片重叠。

12.3.4　选择、移动与调整切片

运用切片工具，在图像中间的任意区域拖出矩形边框，释放鼠标，会生成一个编号为 03 的切片（在切片左上角显示数字），在 03 号切片的左、右和下方会自动形成编号为 01、02、04 和 05 的切片，03 切片为"用户切片"，每创建一个新的用户切片，自动切片就会重新标注数字。

一定要确保所创建的切片之间没有间隙，因为任何间隙都会生成自动切片，可运用切片选择工具对生成的切片进行调整。

选取工具箱中的切片选择工具 ，在网页图像上创建一个用户切片，拖动鼠标至图像编辑窗口中间的用户切片内，单击，即可选择切片，并调出变换控制框，如图 12-25 所示。在控制

框内单击并向下拖动，即可移动切片，效果如图 12-26 所示。

图12-25 选择切片　　　　　　　　　　图12-26 移动切片

> **说明**
>
> 　　使用切片选择工具 选定要调整的切片，此时切片的周围会出现 8 个控制柄，可以对这 8 个控制柄进行拖动来调整切片的位置和大小。在 Photoshop CS6 中，如果用户移动图层或编辑图层内容，切片区域将自动调整以包含新像素。

　　拖动鼠标至变换控制框上方的控制柄上，此时鼠标指针呈双向箭头形状，如图 12-27 所示。单击并向上方拖动，至合适位置后释放鼠标左键，即可调整切片大小，效果如图 12-28 所示。

图12-27 鼠标指针呈双向箭头形状　　　　图12-28 调整切片大小

12.3.5 转换与锁定切片

　　使用切片选择工具 选定要转换的自动切片，单击工具属性栏上的"提升"按钮，可以转换切片。在 Photoshop CS6 中，运用锁定切片可阻止在编辑操作中重新调整尺寸、移动以及变更切片。

	素材文件	光盘 \ 素材 \ 第 12 章 \12.3.5.psd
	效果文件	光盘 \ 效果 \ 第 12 章 \12.3.5.psd
	视频文件	光盘 \ 视频 \ 第 12 章 \12.3.5　转换与锁定切片 .mp4

步骤 01 单击"文件"|"打开"命令，打开一幅素材图像，如图12-29所示。

步骤 02 选取切片工具，拖动鼠标至图像编辑窗口中右侧的自动切片内并右击，在弹出的快捷菜单中选择"提升到用户切片"命令，如图12-30所示。

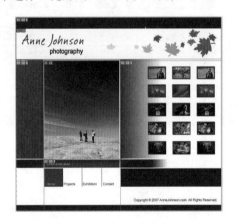 

图12-29　打开素材图像　　　　　图12-30　选择"提升到用户切片"命令

步骤 03 执行上述操作后，即可转换切片，如图12-31所示。

步骤 04 单击"视图"|"锁定切片"命令，如图12-32所示，即可锁定切片。

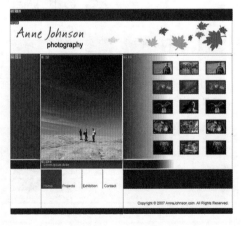 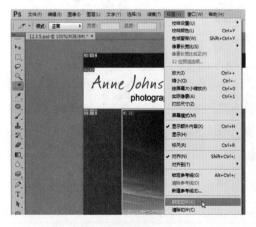

图12-31　转换切片　　　　　　　图12-32　单击"锁定切片"命令

12.3.6　组合与删除切片

在 Photoshop CS6 中，可以将两个或多个切片组合为一个单独的切片。组合切片的尺寸和位置由连接组合切片的外边缘创建的矩形决定。

素材文件	光盘 \ 素材 \ 第 12 章 \12.3.6.psd	
效果文件	光盘 \ 效果 \ 第 12 章 \12.3.6.psd	
学习目标	光盘 \ 视频 \ 第 12 章 \12.3.6 组合与删除切片 .mp4	

步骤 01 单击"文件"|"打开"命令,打开一幅素材图像,如图12-33所示。

步骤 02 选取工具箱中的切片选择工具,拖动鼠标至图像编辑窗口中间的用户切片内,单击,按住【Shift】键的同时并单击其他用户切片,即可同时选择中间的两个用户切片,如图12-34所示。

图12-33 打开素材图像 　　　　　　图12-34 选择两个用户切片

步骤 03 选择切片后,右击,在弹出的快捷菜单中选择"组合切片"命令,如图12-35所示。

步骤 04 执行上述操作后,即可组合所选择的切片,如图12-36所示。

图12-35 选择"组合切片"命令 　　　　图12-36 组合所选择的切片

步骤 05 在图像编辑窗口最下方的用户切片内右击,在弹出的快捷菜单中选择"删除切片"命令,如图12-37所示。

步骤 06 执行上述操作后,即可删除用户切片,在其他不需要的切片内右击,在弹出的快捷菜单中选择"删除切片"命令,即可删除不需要的切片,效果如图12-38所示。

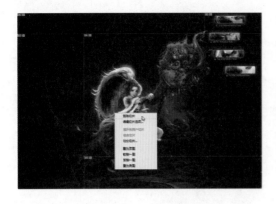

图12-37 选择"删除切片"命令   图12-38 删除切片

12.3.7 设置切片选项

在 Photoshop CS6 中，可以通过"切片选项"对话框对所创建的切片进行设置，以满足网页图像的输出要求。

选取工具箱中的切片选择工具，拖动鼠标至图像编辑窗口中的用户切片内，双击，即可弹出"切片选项"对话框，如图 12-39 所示。

在"切片选项"对话框中，各主要选项的含义如下：

(1)"切片类型"选项："图像"切片包含图像数据，是默认的内容类型；"无图像"切片允许用户创建可在其中填充文本或纯色的空白单元格。

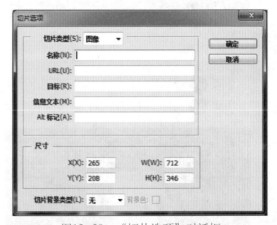

图12-39 "切片选项"对话框

(2)"名称"文本框：默认情况下，用户切片是根据"输出设置"对话框中的设置来命名的（对于"无图像"切片内容，"名称"文本框不可用）。

(3) URL 文本框：为切片指定 URL，可使整个切片区域成为所生成 Web 页中的链接。单击链接时，Web 浏览器会导航到指定的 URL 和目标框架（该选项只可用于"图像"切片）。

(4)"目标"文本框：在"目标"文本框中可以输入目标框架的名称，输入"_blank"，则在新窗口中显示链接文件，同时保持原始浏览器窗口为打开状态；输入"_self"，则在原始文件的同一框架中显示链接文件；输入"_parent"，则在自己的原始父框架组中显示链接文件；输入"_top"，则用链接的文件替换整个浏览器窗口，移去当前所有帧。

(5)"信息文本"文本框：为选定的一个或多个切片更改浏览器状态区域中的默认消息。

默认情况下，将显示切片的 URL（如果有的情况下）。

（6）"Alt 标记"文本框：用于取代非图形浏览器中的切片图像。

（7）"尺寸"：用于设置切片的大小。

（8）"切片背景类型"：可以选择一种背景色来填充图像中的透明区域（适用于"图像"切片）或整个区域（适用于"无图像"切片），必须在浏览器中预览图像才能查看选择背景色的效果。

12.4 优化网页图像

当用户在网上发布制作的网页图像时，首先需要对图像进行优化，以减小图像的大小。在 Web 上发布图像时，较小的图像可以使 Web 服务器更加高效地存储和传输图像，同时用户也可以更快速地下载图像。本节主要向读者介绍优化网页中图像格式的操作方法。

12.4.1 优化 GIF 格式图像

在 Photoshop CS6 中，用户通过"存储为 Web 所用格式"命令可以将图像文件优化为 Web 和设备所用的格式，如 GIF 格式。下面向读者介绍优化 GIF 格式图像的操作方法。

单击"文件"|"存储为 Web 所用格式"命令，如图 12-40 所示。弹出"存储为 Web 所用格式"对话框，在右侧设置格式为 GIF，如图 12-41 所示，可以优化 GIF 格式的图像，单击"存储"按钮，弹出"将优化结果存储为"对话框，设置路径和名称，单击"保存"按钮，即可完成操作。

图 12-40 单击"存储为 Web 所用格式"命令

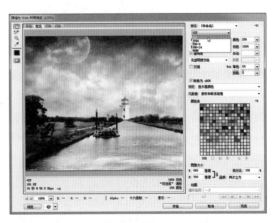

图 12-41 设置格式为 GIF

在"存储为 Web 所用格式"对话框中，各主要选项的含义如下：

（1）显示选项：单击图像区域顶部的选项卡以选择显示选项。"原稿"显示没有优化的图像，"优化"显示应用了当前优化设置的图像，"双联"并排显示图像的两个版本，"四联"并排显示图像的 4 个版本。

（2）工具箱：如果在"存储为 Web 所用格式"对话框中无法看到整个图稿，可以使用抓手工具来查看其他区域，也可以使用缩放工具来放大或缩小视图。

（3）原稿图像：显示优化前的图像，原稿图像的注释显示文件名和文件大小。

（4）优化图像：显示优化后的图像，优化图像的注释显示当前优化选项、优化文件的大小以及使用选中的调制解调器速度时的估计下载时间。

（5）"缩放级别"文本框：可以设置图像预览窗口的显示比例。

（6）"在浏览器中预览优化的图像"菜单：单击"预览"按钮可以打开浏览器窗口，预览Web网页中的图片效果。

（7）"优化"菜单：用于设置图像的优化格式及相应选项，可以在"预览"菜单中选取一个调制解调器速度。

（8）"颜色表"菜单：用于设置Web安全颜色。

（9）动画控件：用于控制动画的播放。

12.4.2 优化 JPEG 格式

JPEG 是用于压缩连续色调图像（如照片）的标准格式。将图像优化为 JPEG 格式的过程依赖于有损压缩，它有选择地扔掉数据。在"存储为 Web 和设备所用格式"对话框右侧的"预设"列表框中选择"JPEG 高"选项，即可显示它的优化选项，如图 12–42 所示。

图12–42　选择"JPEG高"选项

在 JPEG 优化选项区域中，各主要选项含义如下。

（1）"品质"选项：用于确定压缩程度。"品质"设置越高，压缩算法保留的细节越多。但是，使用高"品质"设置比使用低"品质"设置生成的文件大。

（2）"连续"复选框：在 Web 浏览器中以渐进方式显示图像，图像将显示为叠加图形，从而使浏览者能够在图像完全下载前查看它的低分辨率版本。

（3）"优化"复选框：创建文件大小稍小的增强 JPEG 文件，要最大限度地压缩文件，建议使用优化的 JPEG 格式（某些旧版浏览器不支持此功能）。

（4）"嵌入颜色配置文件"复选框：在优化文件中保存颜色配置文件，某些浏览器使用颜色配置文件进行颜色校正。

（5）"模糊"选项：指定应用于图像的模糊量。"模糊"选项应用与"高斯模糊"滤镜相同的效果，并允许进一步压缩文件以获得更小的文件大小（建议使用 0.1 到 0.5 之间的设置）。

（6）"杂边"选项：为在原始图像中透明的像素指定填充颜色。单击"杂边"色板以在拾色器中选择一种颜色，或者从"杂边"下拉列表中选择一个选项："吸管"（使用吸管样本框中的颜色）"前景色""背景色""白色""黑色"或"其他"（使用拾色器）。

说明

在 Photoshop CS6 中，由于以 JPEG 格式存储文件时会丢失图像数据。因此，如果准备对文件进行进一步编辑或创建额外的 JPEG 版本，最好以原始格式（例如 Photoshop.psd）存储源文件。

将图像优化为 JPEG 格式的方法很简单，单击"文件"|"存储为 Web 所用格式"命令，弹出"存储为 Web 所用格式"对话框，在其中设置"优化的文件格式"为 JPEG，如图 12-43 所示。单击"存储"按钮，弹出"将优化结果存储为"对话框，在其中设置路径和名称，单击"保存"按钮，如图 12-44 所示，即可完成操作。

图12-43 设置"优化的文件格式"为JPEG　　　　图12-44 "将优化结果存储为"对话框

12.5 综合案例——制作手表广告

下面以制作手表广告效果为例，进行网页广告图像的编辑与设计操作，例如处理广告图像污点、调整广告图像色调、创建广告图像切片等内容，希望读者熟练掌握。

12.5.1 处理广告图像污点

下面向读者介绍使用修补工具处理广告图像污点的操作方法。

	素材文件	光盘 \ 素材 \ 第 12 章 \12.5.1.jpg
	效果文件	光盘 \ 效果 \ 第 12 章 \12.5.1.jpg
	视频文件	光盘 \ 视频 \ 第 12 章 \12.5.1 处理广告图像污点 .mp4

步骤 01 单击"文件"|"打开"命令，打开一幅素材图像，如图12-45所示。

步骤 02 选取工具箱中的修补工具，移动鼠标指针至图像编辑窗口中，在需要修补的位置单击并拖动，创建一个选区，如图12-46所示。

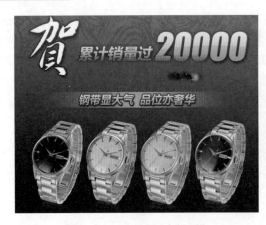

图12-45　打开一幅素材图像

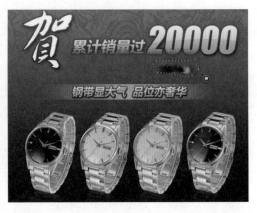

图12-46　创建一个选区

步骤 03 移动鼠标指针至选区内，单击并拖动选区至图像颜色相近的区域，如图12-47所示。

步骤 04 释放鼠标左键，即可修补图像，按【Ctrl＋D】组合键取消选区，效果如图12-48所示。

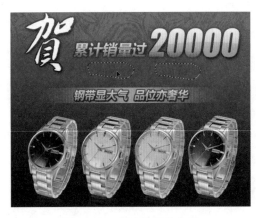

图12-47　拖动选区的位置

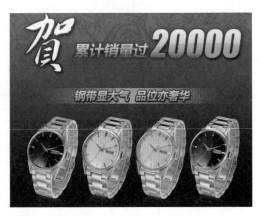

图12-48　修补图像的效果

12.5.2　调整广告图像色调

"色相／饱和度"命令可以调整整幅图像或单个颜色分量的色相、饱和度和亮度值，还可以同步调整图像中所有的颜色。下面向读者介绍通过"色相／饱和度"命令调整广告图像色调的操作方法。

	素材文件	光盘＼素材＼第12章＼12.5.2.jpg
	效果文件	光盘＼效果＼第12章＼12.5.2.jpg
	学习目标	光盘＼视频＼第12章＼12.5.2　调整广告图像色调.jpg

步骤 01 在上一例的基础上，单击"图像"｜"调整"｜"色相/饱和度"命令，如图12-49所示。

步骤 02 弹出"色相/饱和度"对话框，设置"色相"为−30，如图12−50所示，单击"确定"按钮，即可调整图像色相。

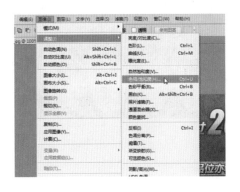

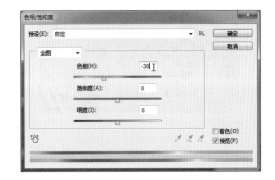

图12−49 单击"色相/饱和度"命令　　　　　　图12−50 设置"色相"为−30

步骤 03 单击"图像"｜"自动对比度"命令，如图12−51所示。

步骤 04 即可自动调整图像对比度，效果如图12−52所示。

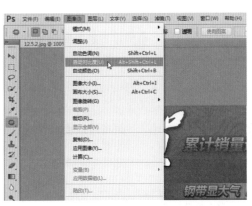

图12−51 单击"自动对比度"命令　　　　　　图12−52 自动调整图像对比度

12.5.3　创建广告图像切片

如果用户需要将图像应用于网页中，就需要在图像上创建切片。下面向读者介绍创建广告图像切片的操作方法。

素材文件	光盘 \ 素材 \ 第 12 章 \12.5.3.jpg	
效果文件	光盘 \ 效果 \ 第 12 章 \12.5.3.psd	
视频文件	光盘 \ 视频 \ 第 12 章 \12.5.2　调整广告图像色调 .mp4	

步骤 01 在12.5.3节的基础上，选取工具箱中的切片工具，如图12−53所示。

步骤 02 拖动鼠标至图像编辑窗口中的合适位置，多次单击并向右下方拖动，即可创建多个广告图像的用户切片，效果如图12−54所示。

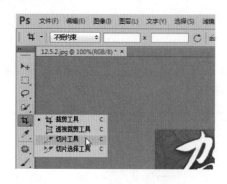

图12-53 选取工具箱中的切片工具

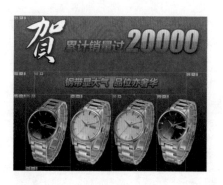

图12-54 创建多个用户切片

小　结

本章主要学习了修饰与调整网页图像的操作方法，首先介绍了应用网页图像修饰工具，主要包括模糊工具、锐化工具、橡皮擦工具、图案图章工具、仿制图章工具、修复画笔工具以及减淡工具等；然后介绍了调整网页图像的颜色、编辑与管理切片图像、优化网页图像等内容；最后以综合案例的形式，向读者详细介绍了手表广告的制作技巧，希望读者熟练掌握本章内容。

习 题 测 试

鉴于本章知识的重要性，为了帮助读者更好地掌握所学知识，下面将通过上机习题，帮助读者进行简单的知识回顾和补充。

素材文件	光盘 \ 素材 \ 课后习题 \ 课后习题 .jpg
效果文件	光盘 \ 效果 \ 课后习题 \ 课后习题 .jpg
视频文件	光盘 \ 视频 \ 第 12 章 \12.5.3　创建广告图像切片 .mp4

本习题需要掌握替换图像颜色的操作方法，素材如图 12-55 所示，最终效果如图 12-56 所示。

图12-55 素材文件

图12-56 效果文件

第13章

网页设计
综合案例

本章引言

　　本章以美味佳肴网站为例，讲解运用 Photoshop CS6、Flash CS6 与 Dreamweaver CS6 制作网页相关元素的方法，介绍这 3 款软件的相互协作功能，通过发挥各自的优势，制作出精美、大气、富有内涵的网页效果，希望读者熟练掌握本章案例的制作方法。

本章主要内容

- 13.1 设计规划网站
- 13.2 设计网站图像
- 13.3 设计网站动画
- 13.4 制作与布局网页
- 13.5 网站的测试

13.1 设计规划网站

网页设计的规划体现在两个方面：一是确定主题与分析需求；二是针对版面布局的设计。版面设计的规划体现在界面各种视觉元素的布局特色上，要设计出一个既美观又便利的人性化界面，首先构思一个好的网页构图是十分必要的。

13.1.1 确定网站主题

网站的主题是指网站的整体内容与形式给浏览者的综合感受。从网页浏览者接受信息的角度来看，最初是由印象推断该网站是否值得浏览，因此外观在开始时显得特别重要；但在继续浏览时，网页浏览者会增加对内容以及浏览过程的感受，如果网站的形式和内容都很一般且平淡，则只会减弱浏览者的兴趣。

美食网站的形式应该火热一些，以红色调为主，吸引更多的浏览者，以传达更多的美食信息。图片可以放在页面正中间，文字内容可以随意放在四周，页面感觉轻松、自由和时尚。图 13-1 所示为美味佳肴网站的实例效果。

图13-1　美味佳肴网站

13.1.2 设计网站版式

为了能够快速、准确地传递信息，美食网站的整体构造采用了方向型的布局格式，以导航条为基准进行界面分割，网站内容位于浏览器的中间，以美食展示为主、两侧文本说明为辅，设计的页面更加实用。

方向型的版式是网页设计中最常用的构图方式。这种构图方式将多幅图像在网页上有序或无序地排列组合，具有强烈的整体感和美感。各种元素结合在一起，可以构成轻快、活泼的界面形式。由于页面有限，本实例只介绍网页布局、图像设计和动画制作的基本操作方法，用户可以根据其操作举一反三，设计出更加丰富的网页。

13.2　设计网站图像

在制作一个完整的网站前，首先需要制作和设计网站的 Logo 和网站导航按钮，这是网站必不可少的内容。本节主要介绍使用 Photoshop　CS6 来设计网站 Logo 以及导航栏图片的方法，希望读者熟练掌握本节内容。

13.2.1　网站 Logo 的设计

在本实例中，主要介绍运用圆角矩形工具与文字工具，制作网站 Logo 效果。

	素材文件	无
	效果文件	光盘\效果\第 13 章\13.2.1.psd、13.2.1.jpg
	视频文件	光盘\视频\第 13 章\13.2.1　网站 Logo 的设计 .mp4

步骤 01 启动Photoshop CS6应用程序，单击"文件"|"新建"命令，弹出"新建"对话框，设置"名称"为"13.2.1"、"宽度"为495像素、"高度"为60像素、"分辨率"为300像素/英寸、"背景内容"为"白色"、"颜色模式"为"RGB颜色"，如图13-2所示。

步骤 02 单击"确定"按钮，新建一个空白图像文件，进入图像编辑窗口，在工具箱中设置前景色为红色（RGB参数值分别为232、58、57），选取圆角矩形工具，在"图层"面板中新建"图层1"图层，将鼠标移至图像编辑窗口的左侧，单击鼠标左键并拖动，绘制一个圆角矩形，如图13-3所示。

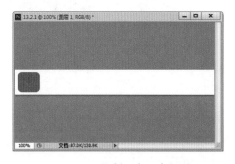

图13-2　设置文件参数　　　　　　　　　　图13-3　绘制一个圆角矩形

步骤 03 选取横排文字工具，在"字符"面板中设置"字体系列"为"方正古隶简体"、"字体大小"为10点、"字距"为36、"颜色"为黄色（RGB参数值分别为255、234、0），单击"仿粗体"按钮**T**，在图像编辑窗口的左侧单击，输入文字"M"，按【Ctrl＋Enter】组合键，确认文本效果，如图13-4所示。

步骤 04 在图像编辑窗口中的适当位置单击，确定文字输入点，在"字符"面板中，设置"字体系列"为"方正粗宋简体"、"字体大小"为8点、"字距"为150、"文本颜色"为红色（RGB参数值分别为255、0、0），在图像编辑窗口中，输入相应文本内容，按【Ctrl+Enter】组合键完成文本的输入，效果如图13-5所示。

图13-4　确认文本效果　　　　　　　　　　　图13-5　完成文本的输入

步骤 05 在图像编辑窗口中的适当位置单击，确定文字输入点，在"字符"面板中，设置"字体系列"为"黑体"、"字体大小"为4.5点、"字距"为150、"颜色"为黑色，在图像编辑窗口中，输入相应文本内容，按【Ctrl＋Enter】组合键，效果如图13-6所示。

步骤 06 单击"文件"｜"存储为"命令，弹出"存储为"对话框，设置网页Logo标志的文件名与保存位置，如图13-7所示，单击"保存"按钮，即可保存图像文件，然后通过"存储为"命令将其重新导出为一幅jpg格式的图像文件。

图13-6　输入相应文本内容　　　　　　　　　图13-7　设置保存选项

13.2.2　网站导航条的设计

在本实例中，主要运用矩形工具与文字工具制作网站的导航按钮效果。在填充按钮的颜色时，注意与整个网页的色调协调、统一。

	素材文件	无
	效果文件	光盘 \ 效果 \ 第 13 章 \13.2.2.psd、13.2.2(1).jpg ～ 13.2.2(6).jpg
	视频文件	光盘 \ 视频 \ 第 13 章 \13.2.2　网站导航条的设计 .mp4

步骤 01 在Photoshop CS6工作界面中，单击"文件"｜"新建"命令，弹出"新建"对话框，在其中设置"名称"为"13.2.2"、"宽度"为991像素、"高度"为69像素、"分辨率"为300像素/英寸、"背景内容"为"白色"、"颜色模式"为"RGB颜色"，单击"确定"按钮，即可新建一个空白图像文件，如图13-8所示。

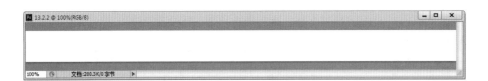

图13-8　新建一个空白图像文件

步骤 02 在工具箱中选取矩形工具，设置"前景色"为红色（RGB参数值分别为186、32、32），在"图层"面板中新建"图层1"图层，在图像编辑窗口中的适当位置单击鼠标左键并拖动，绘制一个矩形图形，如图13-9所示。

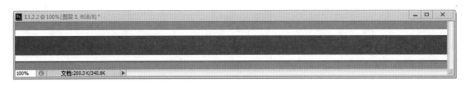

图13-9　绘制一个矩形图形

步骤 03 单击"视图"|"标尺"命令，显示标尺，将鼠标指针移至最左侧的标尺处，单击鼠标左键并向右拖动，至合适位置后释放鼠标，重复操作多次，创建多条垂直参考线，如图13-10所示。

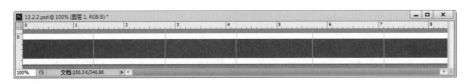

图13-10　创建多条垂直参考线

步骤 04 按【Ctrl+R】组合键隐藏标尺对象，在工具箱中选取横排文字工具，展开"字符"面板，在其中设置"字体系列"为"华康海报体W12"、"字体大小"为6点、"字距"为150、"颜色"为白色，在图像编辑窗口中的适当位置，输入相应文本内容，如图13-11所示。

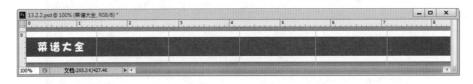

图13-11　输入相应文本内容

步骤 05 用同样的方法，在其他位置输入相应文本内容，效果如图13-12所示。

图13-12　输入相应文本内容

步骤 06 选取工具箱中的裁剪工具，在图像编辑窗口中绘制裁剪区域，如图13-13所示。

图13-13　绘制裁剪区域

步骤 07 在裁剪区域内双击，裁剪图像，效果如图13-14所示。

图13-14　裁剪图像的尺寸

步骤 08 单击"文件"|"存储为"命令，弹出"另存为"对话框，在其中设置文件保存的名称，并设置"保存类型"为JPEG格式，单击"保存"按钮，弹出"JPEG选项"对话框，单击"确定"按钮，即可输出为JPEG格式的图像文件，按【Ctrl+Alt+Z】组合键返回上一步操作，用同样的方法，再次裁剪相应的导航区域，如图13-15所示。

图13-15　再次裁剪相应的导航区域

步骤 09 用同样的方法，对图像进行另存为操作，继续裁剪相应图像进行保存，最终成品图像效果如图13-16所示。

图13-16　最终成品图像效果

13.3 设计网站动画

本节主要介绍使用 Flash CS6 制作网页中的图片动画与文字动画，如今的动画广告已经越来越盛行，浏览者在浏览各种网页时，都可以看到不同类型的动画广告，在给企业带来更多利益的同时也使浏览者得到了更多的产品信息。

13.3.1 网页文字动画的制作

文字动画是 Flash 动画制作中必不可少的、也是最基本的一种动画制作方式，文字动画包含流畅、简洁的语言和独具风格的动态效果，在动画制作过程中，适当地运用文字动画特效能为动画增色。

素材文件	光盘 \ 素材 \ 第 13 章 \Flash\13.3.1.fla	
效果文件	光盘 \ 效果 \ 第 13 章 \13.3.1.fla、13.3.1.swf	
视频文件	光盘 \ 视频 \ 第 13 章 \13.3.1 网页文字动画的制作 .mp4	

步骤 **01** 单击"文件"|"打开"命令，打开一个素材文件，如图13-17所示。

图13-17 打开一个素材文件

步骤 **02** 单击"插入"|"时间轴"|"图层"命令，新建一个图层，并命名为"文字"，选择该图层的第15帧，按【F6】键插入关键帧，从"库"面板中拖动"文字"元件至舞台中，如图13-18所示。

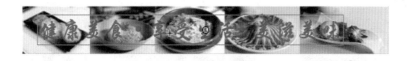

图13-18 拖动"文字"元件至舞台中

步骤 **03** 分别选择"文字"图层的第20帧、第40帧、第60帧、第70帧，单击"插入"|"时间轴"|"关键帧"命令，插入关键帧。选择第40帧，在舞台上向左移动文字的位置，如图13-19所示。

图13-19 向左移动文字的位置

步骤 04 选择第60帧，在舞台上向右移动文字的位置，如图13-20所示。

图13-20　向右移动文字的位置

步骤 05 选择第70帧，在舞台上向左移动文字的位置，并在"属性"面板中设置"样式"为Alpha，Alpha为0%，如图13-21所示。

图13-21　设置样式为Alpha

步骤 06 按住【Ctrl】键的同时，依次选择第20帧到第40帧、第40帧到第60帧、第60帧到第70帧中间的任意一帧，右击，在弹出的快捷菜单中选择"创建传统补间"命令，创建运动补间动画，如图13-22所示。

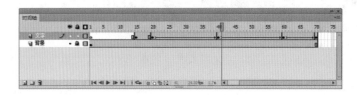

图13-22　创建运动补间动画

步骤 07 按【Ctrl+Enter】组合键确认，预览制作的文字动画，效果如图13-23所示。

图13-23　预览制作的文字动画

13.3.2 图像切换动画的制作

在 Flash 动画中，出彩的图像动画特效也是一种十分有力的表现手法，在实现动画的基础上，也提升了动画本身的可观赏性。

素材文件	光盘 \ 素材 \ 第 13 章 \Flash\13.3.2.fla	
效果文件	光盘 \ 效果 \ 第 13 章 \13.3.2.fla、13.3.2.swf	
视频文件	光盘 \ 视频 \ 第 13 章 \13.3.2　图像切换动画的制作 .mp4	

步骤 01 单击"文件"|"打开"命令，打开一个素材文件，如图13-24所示。

步骤 02 单击"插入"|"新建元件"命令，弹出"创建新元件"对话框，设置"名称"为"图像动画"、"类型"为"影片剪辑"，如图13-25所示。

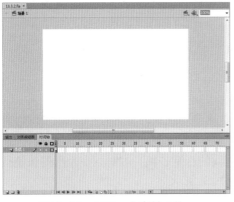

图13-24　打开一个素材文件　　　　　　图13-25　"创建新元件"对话框

步骤 03 单击"确定"按钮，进入元件编辑模式，将"库"面板中的"图片1"图像拖动至舞台中的适当位置，如图13-26所示；新建"图层2"图层，将"库"面板中的"图片2"拖动至舞台中的适当位置，使其覆盖"图片1"图像。

步骤 04 按住【Ctrl】键的同时，分别选择"图层1"图层和"图层2"图层的第30帧，右击，在弹出的快捷菜单中选择"插入帧"命令，插入普通帧，如图13-27所示。

图13-26　添加"图片1"图像　　　　　　图13-27　插入普通帧

步骤 05 新建"图层3"图层，运用矩形工具在舞台中适当位置绘制一个"笔触颜色"为无、"填充颜色"为任意色的矩形，如图13-28所示。

步骤 06 运用任意变形工具对其进行适当的旋转，使其完全覆盖图像，如图13-29所示。

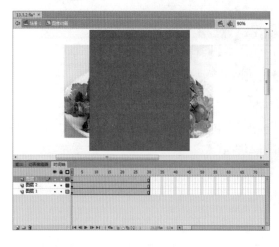

图13-28 绘制一个矩形

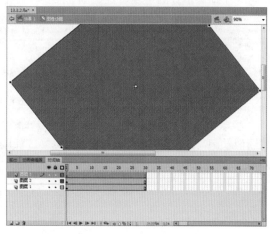

图13-29 旋转矩形图像

步骤 07 在"图层3"图层的第15帧插入关键帧，选择该图层的第1帧，将该帧中的对象拖动至舞台的右下侧，如图13-30所示。

步骤 08 选择"图层3"图层的第1帧至第15帧之间的任意一帧，右击，在弹出的快捷菜单中选择"创建补间形状"命令，创建补间动画，如图13-31所示。

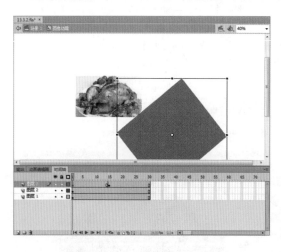

图13-30 拖动至舞台的右下侧

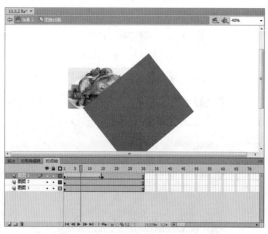

图13-31 创建补间动画

步骤 09 选择"图层3"图层，右击，在弹出的快捷菜单中选择"遮罩层"命令，将该图层设置为遮罩层，如图13-32所示。

步骤 10 新建"图层4"图层，在该图层的第31帧插入空白关键帧，将"库"面板中的"图片3"图像拖动至舞台的适当位置，如图13-33所示。

图13-32 将图层设置为遮罩层

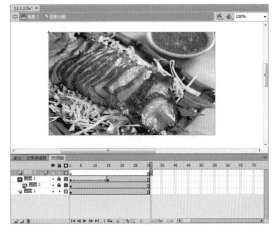
图13-33 拖动至舞台的适当位置

步骤 ⑪ 选择该图像，按【F8】键，弹出"转换为元件"对话框，设置"名称"为"图片"、"类型"为"影片剪辑"，如图13-34所示，单击"确定"按钮，完成元件的转换。

步骤 ⑫ 在"图层4"的第60帧插入关键帧，选择该图层的第31帧中的对象，在"属性"面板中设置样式为Alpha，Alpha为0%，舞台效果如图13-35所示。

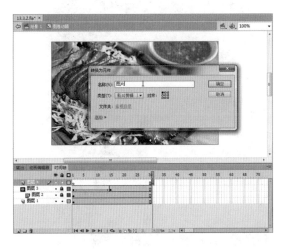
图13-34 转换为元件

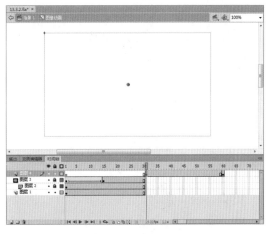
图13-35 设置Alpha参数值的舞台效果

步骤 ⑬ 在"图层4"的第31帧至第60帧之间创建补间动画，并在该图层的第70帧插入帧，如图13-36所示。

步骤 ⑭ 单击"编辑"|"编辑文档"命令，返回主场景，将"图像动画"元件拖动至舞台的适当位置，如图13-37所示。

步骤 ⑮ 按【Ctrl+Enter】组合键，预览动画效果，如图13-38所示。

图13-36　在第70帧插入帧　　　　　　　　图13-37　拖动至舞台的适当位置

图13-38　预览动画效果

13.4　制作与布局网页

本节介绍使用Dreamweaver CS6制作网页效果的方法，在Dreamweaver中运用Photoshop、Flash制作好的网站元素，可以制作出动态网站或交互式网站，更好地实现网站的互动性。

13.4.1　页眉和导航区的制作

在 Dreamweaver CS6 中，网页的页眉区域通常用来放置网站的标志（Logo），网页的导航区域通常用来放置网站的导航条或 Banner 动画等内容。下面介绍具体的制作方法。

素材文件	光盘 \ 素材 \ 第 13 章 \Photoshop\ 标志 .jpg、导航 1.jpg ～导航 6.jpg 等
效果文件	无
视频文件	光盘 \ 视频 \ 第 13 章 \13.4.1　页眉和导航区的制作 .mp4

步骤 01 启动Dreamweaver CS6，新建一个HTML网页文档并保存，保存名称为index，并将"标题"命名为"美味佳肴网"，单击"插入" | "表格"命令，在编辑窗口中插入一个6行1列的表格，如图13-39所示。

图13-39　插入一个6行1列的表格

步骤 02 将光标定位于表格的第1行中，单击"修改" | "表格" | "拆分单元格"命令，弹出"拆分单元格"对话框，选中"列"单选按钮，在"列数"文本框中输入2，单击"确定"按钮，拆分单元格，如图13-40所示。

步骤 03 将光标定位于第1个单元格，单击"插入" | "图像"命令，弹出"选择图像源文件"对话框，选择需要的Logo标志图片，单击"确定"按钮，即可在第1个单元格中插入网站的Logo，如图13-41所示。

图13-40　拆分单元格对象　　　　　　　　图13-41　插入网站的Logo

步骤 04 将光标定位到第1行第2个单元格中，单击"插入" | "媒体" | SWF命令，弹出"选择SWF"对话框，选择需要插入的Flash素材，单击"确定"按钮，即可在网页文档中插入

Flash动画素材，如图13-42所示。

图13-42　插入Flash动画素材

步骤 05 将光标定位于表格的第二行中，单击"插入"|"图像"命令，弹出"选择图像源文件"对话框，选择需要插入的导航素材，单击"确定"按钮，即可将选择的素材插入到网页文档的表格中，效果如图13-43所示。

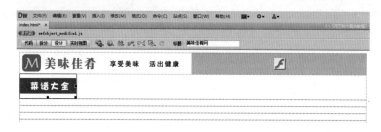

图13-43　插入到网页文档的表格中

步骤 06 用同样的方法，在右侧插入其他导航素材，效果如图13-44所示。

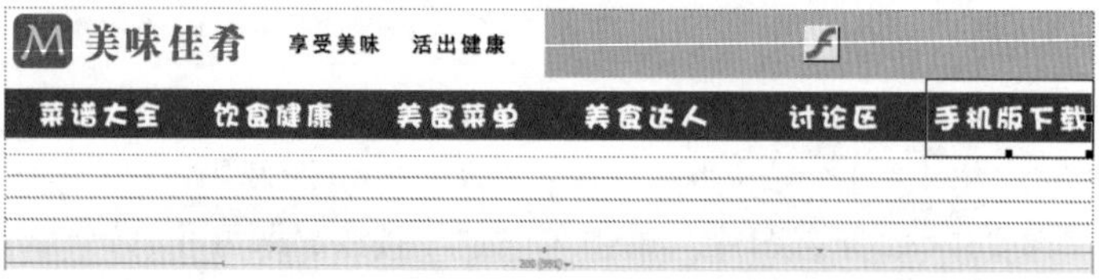

图13-44　在右侧插入其他导航素材

13.4.2　内容与版权区的制作

在Dreamweaver CS6中，网页的内容区域通常是网站中的大部分图片和文本内容所在区域，网页的版权内容一般在网页的最底端。下面向读者介绍制作网页内容与版权区的方法。

	素材文件	光盘 \ 素材 \ 第 13 章 \ images\1.jpg、2.jpg、3.jpg、4.png 等
	效果文件	光盘 \ 效果 \ 第 13 章 \index.html
	视频文件	光盘 \ 视频 \ 第 13 章 \13.4.2　内容与版权区的制作 .mp4

步骤 01 将光标定位于表格的第3行中，单击"插入"|"图像"命令，弹出"选择图像源文件"对话框，选择需要插入的图像素材，单击"确定"按钮，即可将图像素材插入到网页文档中，效果如图13-45所示。

步骤 02 单击"插入"|"媒体"|SWF命令，弹出"选择SWF"对话框，选择需要插入的 Flash素材，单击"确定"按钮，即可在网页文档中插入Flash动画素材，如图13-46所示。

图13-45 将图像素材插入到网页中

图13-46 插入Flash动画素材

步骤 03 用同样的方法，在表格中的其他位置插入相应的图像素材，输出到相应的网页中，查看制作的网页效果，如图13-47所示。

图13-47 查看制作的网页效果

步骤 04 在合适的单元格中输入需要的版权信息，并设置"字号"为15、"对齐方式"为"居中对齐"，效果如图13-48所示。

图13-48　输入需要的版权信息

13.4.3　子页和超链接的制作

由 A 页面弹出 B 页面，B 页面就是 A 页面的子页面，子页的做法和主页的做法类似。下面介绍具体的制作方法。

	素材文件	光盘 \ 素材 \ 第 13 章 \images\6.jpg、7.jpg、8.jpg、9.jpg
	效果文件	光盘 \ 效果 \ 第 13 章 \index1.html
	视频文件	光盘 \ 视频 \ 第 13 章 \13.4.3　子页和超链接的制作 .mp4

步骤 01 将index网页进行另存为操作，名称改为index1，设置"标题"为"美味佳肴子页"，选中内容区中的图像与动画，按【Delete】键将其删除，如图13-49所示。

图13-49　删除内容区中的图像与动画

步骤 02 在内容区的单元格中插入一个5行2列的表格，在插入表格的第1个单元格中插入一幅素材图像，如图13-50所示。

步骤 03 用同样的方法，在其他单元格中插入相应图像，效果如图13-51所示。

图13-50　插入一幅素材图像

图13-51　在其他单元格中插入相应图像

步骤 04 在相应的单元格中，输入需要的文本内容，并设置文本的"水平"为"居中对齐"，如图13-52所示。

步骤 05 对最后一行表格进行合并操作，并将制作的第一个网页文档中的版权信息复制与粘贴到该表格中，效果如图13-53所示。

图13-52 设置"水平"为"居中对齐"

图13-53 复制版权信息

步骤 **06** 单击"文件"|"在浏览器中预览"|"Internet Explorer"命令，预览制作的子页效果，如图13-54所示。

图13-54 预览制作的子页效果

步骤 **07** 返回index网页文档，选中导航区的"美食菜单"图片，单击"属性"面板下的"矩形热点工具"按钮，在导航区的"美食菜单"图片上单击鼠标左键拖出一个矩形热点区域，如图13-55所示。

步骤 **08** 在"属性"面板中，单击"链接"文本框右侧的"浏览文件"按钮，弹出"选择文件"对话框，选中需要链接的网页文件，如图13-56所示。

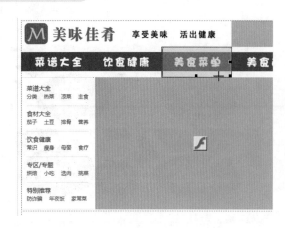

图13-55　拖出一个矩形热点区域　　　　　图13-56　选中需要链接的网页文件

步骤 09 单击"文件" | "在浏览器中预览" | "Internet Explorer"命令，预览网页效果，如图13-57所示。

步骤 10 单击"美食菜单"按钮，即可链接到其子页，如图13-58所示。

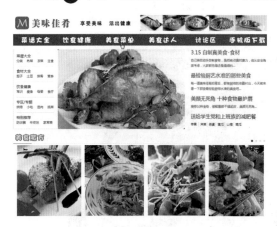

图13-57　预览网页效果　　　　　　　　图13-58　链接到其子页

13.5　网站的测试

网页制作完成后，需要进行相应的测试，特别是网页各元素之间的兼容性与超链接，如果发现问题，可以进行完善，以保证网页上传后能被正常地浏览。

13.5.1　网站的兼容性测试

网站制作完毕后，在 Dreamweaver CS6 中单击"文件" | "检查页" | "浏览器兼容性"命令，展开"浏览器兼容性"面板，单击面板左上角的三角形按钮，在弹出的菜单中选择"检查浏览器兼容性"选项，即可开始检查浏览器的兼容性，并显示检测结果，如图 13-59 所示。

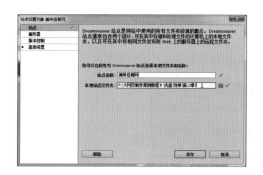

图13-59 显示检测结果

13.5.2 网站的链接性测试

在 Dreamweaver CS6 中展开"浏览器兼容性"面板，单击"浏览器兼容性"选项卡右侧的"链接检查器"选项卡，打开"链接检查器"面板，单击该面板左上角的三角形按钮，在弹出的菜单中选择"检查当前文档中的链接"选项，弹出提示信息框，单击"定义站点"按钮，弹出站点设置对话框，在"站点名称"文本框中输入"美味佳肴网"，在"本地站点文件夹"中设置相应路径，如图 13-60 所示。单击"保存"按钮，即可完成站点的设置，如图 13-61 所示。

图13-60 设置相应路径　　　　　　　　图13-61 完成站点的设置

再次单击"链接检查器"面板左上角的三角形按钮，在弹出的菜单中选择"检查整个当前本地站点的链接"选项，即可开始检查本地站点链接，并在面板中显示检测结果，如图 13-62 所示。

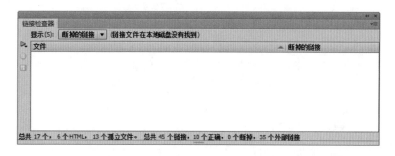

图13-62 显示检测结果

小　结

本章主要学习了设计《美味佳肴》网页的操作方法，首先介绍了确定网站主题和网站版式的相关知识，然后介绍了设计网站图像和网站动画的方法，最后介绍了制作网站页眉、导航区、版权区、子页和超链接的方法，希望读者学完本章以后，可以举一反三，制作出更多具有吸引力的网站页面。

习　题　测　试

鉴于本章知识的重要性，为了帮助读者更好地掌握所学知识，下面将通过上机习题，帮助读者进行简单的知识回顾和补充。

	素材文件	无
	效果文件	光盘 \ 效果 \ 第 13 章 \ 课后习题 .psd、课后习题 .png
	学习目标	掌握设计网站 Logo 的操作方法

本习题需要掌握设计网站 Logo 的操作方法，最终效果如图 13-63 所示。

图13-63　效果文件